自由流-渗流耦合理论与实践

Free- and seepage-flow coupling theory and practice

符文熹　巨广宏　陈正峰　叶　飞　著

科学出版社
北　京

内 容 简 介

贯通管缝是地下水与地表水之间相互转换的主要路径，是地下水与岩土体之间水力联系的重要通道，也是岩土体失稳破坏常常追踪的边界条件。本书围绕含贯通管缝岩土体渗透特性与界面力学效应，构建了岩石基质渗流与管缝自由流耦合分析数学模型，推求了基质渗流与自由流流速分布显式表达；提出了自由流干涉岩石基质渗流影响带宽度确定方法；结合牛顿内摩擦定律，量化了宏观运动水流对固体多孔介质界面的细观力学效应；将固液界面拖曳力嵌入岩土体稳定性分析方法，量化评价了宏观运动水流对岩土体稳定性影响的贡献。

本书适于水文地质、工程地质、边坡工程等专业的本科生、硕/博士研究生阅读，也能为相关方向的研究人员提供方法借鉴。

图书在版编目(CIP)数据

自由流-渗流耦合理论与实践 / 符文熹等著. —北京: 科学出版社，2024.3
(2025.1 重印)

ISBN 978-7-03-078049-2

Ⅰ. ①自…　Ⅱ. ①符…　Ⅲ. ①岩石力学-渗流力学-围岩稳定性-研究
Ⅳ. ①TD325

中国国家版本馆 CIP 数据核字（2024）第 034406 号

责任编辑：刘莉莉 / 责任校对：彭　映
责任印制：罗　科 / 封面设计：墨创文化

科学出版社 出版
北京东黄城根北街16号
邮政编码：100717
http://www.sciencep.com

成都蜀印鸿和科技有限公司 印刷
科学出版社发行　各地新华书店经销

*

2024 年 3 月第　一　版　开本：B5（720×1000）
2025 年 1 月第二次印刷　印张：9 3/4
字数：194 000

定价：109.00 元

（如有印装质量问题，我社负责调换）

序

地下水渗流理论既古老又年轻。法国水力学家亨利·达西(Henry Darcy)基于砂土类多孔介质渗流试验成果，于1856年提出经典的渗流理论，并被广泛应用于水利工程、油气田开发、土木工程等领域。然而，遭受不同内、外动力地质作用的岩土体介质常含有一些贯通裂缝、管道。岩土体中的贯通管缝、非贯通管缝和孔隙共同构成了一个复杂的多孔网络体系。其中，贯通管缝是地下水与地表水之间相互转换的主要路径，是地下水与岩土体之间水力联系的重要通道，也是岩土体失稳破坏常常追踪的边界条件。鉴于此，在经典渗流理论基础上，结合岩土体管缝发育特征，分析含贯通管缝岩土体的渗透特性具有重要意义。

该书作者及其团队结合近十年来在地下水渗流理论和地质灾害方面的研究成果，编著了该书。通览该书，主要具有以下创新：一是构建了岩石基质渗流与管缝自由流耦合分析数学模型，推求了基质渗流与自由流流速分布显式表达，包括无充填贯通裂缝模型、部分充填贯通裂缝模型、全充填贯通裂缝模型、无充填贯通管道模型、部分充填贯通管道模型、斜坡表面渗径流耦合模型；二是提出了自由流干涉岩石基质渗流影响带宽度确定方法；三是结合牛顿内摩擦定律，量化了宏观运动水流对固体多孔介质界面的细观力学效应；四是将固液界面拖曳力嵌入岩土体稳定性分析方法，量化评价了宏观运动水流对岩土体稳定性影响的贡献。可以看出，该书系统研究了含充填贯通管缝岩土体多孔介质的流场特征，针对性、实用性和专门性强。

随着地下工程建设不断增加、极端气候事件日益频发，地下水渗流伴生的渗流量精确预测、地质体稳定性定量评价难题愈发凸显，该书的应用价值更加彰显。该书凝聚了作者团队近十年的研究成果，不仅提升和完善了经典的地下水渗流理论，更准确地描述了含充填贯通管缝岩土体多孔介质的流场特征，合理地评价了地下水渗流作用下岩土体的力学响应。该书能为相关方向的研究人员提供方法借鉴，是一部具有理论高度和学术启发性的著作。

许唯临

中国工程院院士

2022年12月03日

目　录

第1章 绪　论

遭受不同内、外动力地质作用的岩土体介质常含有一些贯通裂缝、管道(合称为管缝)。岩土体中的贯通管缝、非贯通管缝和孔隙共同构成了一个复杂的多孔网络体系。其中，贯通管缝是地下水与地表水之间相互转换的主要路径，是地下水与岩土体之间水力联系的重要通道，也是岩土体失稳破坏常常追踪的边界条件。土木工程领域对岩土体中地下水运动的描述，普遍采用线性达西(Darcy)定律。该定律适于单一均匀多孔介质且雷诺数 *Re* 上限为[1, 10]的线性层流(Vadlamudi，1964)。用线性 Darcy 渗流理论计算相对均匀岩土体孔隙介质的流场，并据此评价流固耦合作用下的力学响应是可行的(李顺才等，2008)。然而，当 *Re* 超出线性层流上限或岩土体存在贯通管缝集中渗漏通道时，仍用 Darcy 理论计算则会产生显著误差(Liang et al.，2009)。

1868 年，著名的法国流体学家布西内斯克(Boussinesq)提出了牛顿(Newton)流体在光滑平行板缝中的运动学理论，即大家熟知的开口立方定律(Lomize，1951)。在该理论构架体系下，也能推导出光滑等直径圆形管道中流体的运动方程(Ben-Reuven，1986)。在求解含贯通管缝岩土体介质的地下水渗流问题时，目前普遍采用开口立方定律(朱红光等，2016)。然而，具体计算时大多将管缝的壁面视为不透水边界。该假设隐含管缝所赋存的岩土体基质也具不透水性(注：岩土体基质包含孔隙结构和非贯通管缝多孔介质部分)，同时还假定管缝内不含散粒充填物。这些假设与实际相比，仍存在较大偏差。因此，尚需提升和完善经典的地下水渗流理论，从而更准确地描述含充填贯通管缝岩土体多孔介质的流场特征，以及更合理地评价地下水渗流作用下岩土体的力学响应。

从微观尺度(微米级)讲，描述纳维-斯托克斯(Navier-Stokes，N-S)水流绕球形颗粒运动有经典的斯托克斯(Stokes)理论和奥辛(Oseen)解(Olshanskii，2015)，若忽略颗粒表层分子引力作用形成的、不能自由流动的纳米尺度结合水膜效应，直接将经典的 N-S 水流运动理论用于实际土木工程的建模计算分析，即使借助浮点运算速度达千万亿次的我国“神威·蓝光”超级计算机，也难以实现。在宏观尺度(米级)方面，诸如地下开挖存在较高水力梯度渗流条件，若仍按 Darcy 线性层流考虑，计算获得流场解的误差会超过 30%，甚至高达 100%(Chami et al.，2012)。

因此，有必要从细观尺度(毫米级)入手，建立含贯通管缝岩土体多孔介质 N-S 流(自由流)耦合 non-Darcy 流(渗流)的非线性数学模型，提出细观流固耦合等效计算方法。其中，贯通管缝中的水流运动采用N-S方程描述(Novo et al.，2005)，岩土体基质中的渗流运动用布林克曼扩展达西(Brinkman-extended Darcy)方程描述(Pekmen and Tezer-Sezgin，2015)。通过该方法求解含贯通管缝岩土体多孔介质的流场特征(如流速、流量、压强等物理量)，获得相应的流体切应力分布后，可定量评价管缝壁面拖曳力(drag force)对岩土体基质的力学效应。

关于流固耦合界面的拖曳力效应，Stokes早在1851年就给出了圆球在无限域黏性流体缓慢运动条件下拖曳力的解析解(Wilson，2013)。Rumer和Drinker(1966)引入Stokes的拖曳力公式，通过土柱微元体受两端孔隙水压力、水流自重和土颗粒摩阻力作用下的力平衡分析，推求并很好地验证了线性层流状态Darcy理论。此外，在水力学学科领域，计算水流流经水力管道、引水明渠的沿程水头损失，以及评价水流对河床冲刷、河岸侵蚀的作用机理，本质上也体现了流固界面的拖曳力效应(罗斌等，2000)。

然而，在地质灾害和岩土工程领域，用现有的设计规范方法、经典的岩土力学理论，对地下水渗流有关的岩土体稳定性进行分析评价时，通常只考虑渗流力、孔隙水压力、岩土体力学性能的软化和劣化效应，忽略了流固界面的拖曳力效应。学术界和工程界也时常面临这样的困惑：在超高洪水位运行、极端降雨入渗、地表水体集中渗漏等特殊工况条件下，堤坝、基坑、边坡等工程的设计和施工均满足相关规范和标准的要求，建(构)筑物的稳定性和安全性理应能得到保证，但是有时仍出现突发性失稳破坏甚至严重灾变事故。

鉴于此，可以推断：拖曳力效应可能扮演了“压死骆驼的最后一根稻草”的角色。如2015年12月20日，深圳市光明新区渣土受纳场堆填体发生灾难性滑坡事故，这次事故导致73人遇难、4人失联和33栋建筑物掩埋毁损。尽管专家学者对该滑坡的成生机理存在广泛争议，但是也取得了一致认识(许强等，2016)：①该堆填体的设计总体符合有关的规范和标准；②用经典岩土力学中基于有效应力原理的极限平衡分析理论、数值计算方法，难以阐释该滑坡的成因机制。根据媒体和文献报道的“滑坡现场存在着多处股状渗水、冒水等管涌现象”，推测该堆填体管涌流伴随的壁面拖曳力效应对滑坡事故的发生不应被忽视。正如古人所云“千丈之堤，以蝼蚁之穴溃”(见《韩非子·喻老》)一语双关之寓意，地下水渗流条件下岩土体中贯通管缝的壁面拖曳力作用可能成为制约工程建(构)筑物稳定安全的关键因素之一。

实际上，流固界面拖曳力效应在土木工程中广泛存在，如拱坝的中孔和底孔泄流、防洪堤和土石坝填筑体内发生的管涌和接触冲刷等渗透破坏、地表径流作用下的冲刷侵蚀、地下开挖渗流乃至发生涌水突泥等都伴随有壁面拖曳力效应。贯通管缝的存在会对岩土体的水力特性产生重大影响，对工程安全稳定带来严重威胁，如隧道围岩稳定性(Lin et al.，2000；Or et al.，2005；Zhou et al.，2006；

Hadi and Homayoon，2017)、边坡稳定性(Richards and Reddy，2007；Okeke and Wang，2016)、地基稳定性(Li et al.，2019；Li and Li，2019；Pan et al.，2019)、石油和天然气安全开采(Nagaeva and Shagapov，2017；Xiong et al.，2017；Tang et al.，2018)等。因此，可通过理论计算、试验检验和案例反馈相结合，来揭示含贯通管缝多孔介质的流场分布规律和伴随的流体切应力效应，将拖曳力嵌入岩土体稳定性分析，量化拖曳力对岩土体失稳破坏的贡献，为科学评价地下水渗流环境下含贯通管缝岩土体多孔介质中各类建(构)筑物的安全稳定提供理论基础。

下面对孔隙介质渗流、管缝水力特性、流固耦合界面、岩土体的力学和渗流特质等方面的国内外研究进展进行评述。

1. 关于孔隙介质渗流的研究

基于流体力学理论的孔隙介质渗流，广泛存在于化工、医学、土木等领域(林建忠等，2013)。为描述岩土体的地下水渗流运动，学者们提出了一系列理论公式。1856 年法国水力学家 Darcy 对圆筒密砂试样进行了大量的常水头渗透试验，研究发现层流状态下渗流量与水头差成正比、与渗流路径成反比，进而提出了能很好地描述单一均匀孔隙介质中雷诺数 *Re* 上限为[1, 10]时层流运动的线性 Darcy 定律(Vadlamudi，1964)。当孔隙介质中流体处于非线性层流、混流状态时，一些学者认为线性 Darcy 方程需修正为达西-福希海默(Darcy-Forchheimer)方程(Deseri and Zingales，2015；师文豪等，2016)；对于松散颗粒填充的孔隙介质渗流，Elíasson(2014)认为 Darcy-Forchheimer 方程不再适用，并提出考虑边界层影响的达西-拉普伍德-福希海默-布林克曼(Darcy-Lapwood-Forchheimer-Brinkman)方程；对于由球体颗粒堆积构成的理想多孔介质，Sinha 和 Sharma(2013)指出 Darcy-Lapwood-Forchheimer-Brinkman 渗流运动方程忽略了惯性项和阻力项，并推求得到适于描述 non-Darcy 渗流运动的 Brinkman-extended Darcy 微分方程。

对不同流体绕各类球体流动问题，学者们也开展了大量研究。Tang 和 Lu(2014)、Yadav 和 Deo(2012)、Deo 和 Datta(2003)对滑流(slip flow)与 Stokes 流绕长椭球运动进行了分析，计算得出 Kuwabara 边界条件下扁椭球所受拖曳力。Deo 和 Yadav(2009)、Jaiswal 和 Gupta(2015)研究了 Newton 流体绕特殊球体运动问题，此特殊球体包含可渗透的外壳层且内部充满非 Newton 流体，通过吻合边界条件和无穷远流速均匀条件，求解得到流量函数。Jones 等对低速不可压缩流体渗流与绕经球体流动问题进行研究，通过对流场分区分别采用 Brinkman 方程、Stokes-Oseen 解控制，求解出流场的速度与压力分布以及球体所受拖曳力(Zhang and Benard，2015)。

然而，实际工程往往面临孔隙介质基质渗流与弱透水球体绕流的耦合，且弱透水球体会影响多孔介质的渗流特性。鉴于此，Srivastava 和 Srivastava(2005)分析了孔隙介质中嵌入畸形球体的复合介质渗流问题；Grosan 等(2009)和张文杰等(2005)引入 Brinkman 模型，以球体嵌入孔隙介质基质的复合介质为研究对象，研究了二维稳态不可压缩流体在此类复合介质中的渗流，得到了该流场条件下的半解析解。

上述文献表明，目前对孔隙介质渗流的研究用经典的线性 Darcy 定律描述已有深入的认识，并开始考虑各类球体绕流效应、弱透水球体渗流与球体之间流体运动相互作用效应。虽然当前研究已逐渐从微观角度关注嵌入孔隙介质类可渗球体所受拖曳力与复合介质渗流场求解，但是忽略了天然孔隙介质(如岩土体多孔介质)中颗粒的形状效应、尺寸效应、微颗粒析出效应、微颗粒伴随流体运动的黏滞效应和不同介质之间的边界效应等。

2. 关于管缝水力特性的研究

历经漫长地质演变并遭受各种内、外动力地质作用的岩土体多孔介质，往往分布有大量的裂隙和洞穴，有些甚至是长大贯通管缝。若直接用孔隙介质渗流理论来描述地下水运动，难以客观反映实际含贯通管缝岩土体多孔介质的渗流特质，并会产生显著误差(Liang et al.，2009；Chami et al.，2012)。早期裂缝水流研究中往往直接引入流体力学基本方程 N-S 公式(Novo et al.，2005)，将裂缝壁面假定为光滑、不透水，并将裂缝中的流体假定为黏性不可压缩层流，从而推导得到开口立方定律(Sen，1987)。当然，用同样的处理方式和假设条件也可求得圆形管道流公式。由于推导开口立方定律时给定的假设条件较多，与天然裂隙相比有较大差距，学者们随后又开展了大量研究。

近年来，裂隙岩体渗流试验研究取得了比较丰硕的成果。张文杰等(2005)基于单裂隙渗流试验结果，对开口立方定律进行了修正。李新平等(2006)、Yang 等(2007)分析了渗流对单裂缝岩体的力学作用以及含单裂缝岩体的渗透特性，求解出裂缝渗透系数与其受到的三维应力之间的关系式，并得到了粗糙单裂缝分形等效渗透系数表达式。钟振等(2012)采用随机布朗函数模拟裂隙面，据此计算出裂隙开度分布，将裂隙面离散，顺裂隙面方向采用不考虑水交换的单裂隙非饱和渗流控制方程，垂直于裂隙面方向采用拟稳态水控制方程，根据质量守恒定律建立起系统的渗流控制方程。孙役等(1999)研制出单裂隙渗流实验装置，开展了一系列渗流试验，建立了裂隙缝宽与负压、饱和度与负压、裂隙缝宽与饱和度、负压与非饱和渗透系数之间的关系。李亚军等(2011)、Baghbanan 和 Jing(2008)、Wang 等(2018)、速宝玉等(1995)针对单裂隙渗流开展试验研究，探讨了应力、裂隙缝宽、粗糙度、充填物等对单裂隙渗流的影响。熊祥斌等(2009)、倪绍虎等(2012)通过整理国内外学者关于岩体裂缝渗透特性的研究成果，认为开展试验研究对于认识岩体裂缝的渗流特性具有重要意义。

裂隙岩体理论方面的研究也取得了一定进展(蒋宇静等，2008)。Koyama 等(2008)通过建立 Darcy-Stokes 耦合分析数学模型，分别推求出含单裂缝多孔介质和缝洞型介质等效渗透率的张量表达式。邓英尔等(2006)基于低渗透孔隙-裂隙介质气体渗流试验，建立了相应的渗流方程。Yang 等(2007)根据魏尔斯特拉斯-芒德布罗(Weierstrass-Mandelbrot)分形函数，采用有机玻璃进行物理模型试验，提出了粗糙单裂隙等效渗透系数的经验公式。郑少河等(1999)基于三维应力条件下天然裂隙渗流试验，建立了关于应力和裂隙闭合量的渗透系数计算公式。刘学伟等(2013)采用数值流形理论求解了裂隙岩体温度-渗流的耦合方程，并对结果进行了验证。张卓等(2006)基于连续介质理论，建立了裂隙岩体饱和-非饱和渗流分析模型，结果表明暴雨作用下孔隙水压力快速升高对边坡稳定性造成严重影响。朱崇林等(2019，2020)建立了裂缝水流与周围泥土体渗流的耦合模型，并将裂缝中水流的流速特征与土颗粒的受力起动特性结合起来，提出软弱夹层产生接触冲刷的临界水力坡度计算方法。王启茜等(2019)研究考虑强降雨条件下地表径流和裂隙水流的拖曳力作用对斜坡稳定性的影响，建立了斜坡地表径流和地下水渗流耦合分析模型，得出考虑地表径流和裂隙水流拖曳力的边坡安全系数。舒付军等(2016，2018)推导了部分填充裂隙的等效渗透系数，并设计试验验证了推导结果的正确性。

除了上述研究之外，大量研究还发现，裂隙渗流受多种因素影响，包括裂隙隙宽、粗糙度、应力、充填物等。

关于裂隙隙宽的影响。裂隙隙宽对于裂隙岩体渗流来说是一个极其重要的参数，为了获得合适的裂隙隙宽，学者们对其开展了大量的研究(Louis，1974；Amadei and Illangasekare，1994；许光祥等，2001)。Barton(1982)开展了大量渗流试验，建立了机械隙宽 e_m 与水力等效隙宽 e_h 之间的关系。此外，Yeo 等(1998)研究发现，受到裂隙面粗糙的影响，真实机械隙宽通常比水力等效隙宽大，只有在隙宽较大时才可以认为二者近似相等。刘学伟等(2013)认为裂隙隙宽较小，发生沟槽流时，还需进一步研究上述几种隙宽之间的关系。Baghbanan 和 Jing(2008)通过试验研究发现，裂隙所受的正应力与机械隙宽之间为双曲线关系。Koyama 等(2009)通过数值模拟分析，发现裂隙的机械隙宽除了与正应力有关，还与剪应力有关。Li 等(2008)采用人工预制裂隙，研究了裂隙渗流时水力等效隙宽、机械隙宽和接触面积比的关系。

关于粗糙度的影响。天然裂隙面起伏粗糙，裂隙过流能力受到裂隙面粗糙程度的影响。为了得到粗糙程度与渗流的关系，学者们也进行了大量试验研究。然而，现有研究结论尚不完全令人满意。研究裂隙面粗糙程度对渗流的影响，需首先评价裂隙面的粗糙程度。目前，衡量裂隙面粗糙程度的参数主要有节理粗糙度系数(joint roughness coefficient，JRC)和分数维 D。其中，Barton 等(1973，1977)

提出的 JRC 以及其确定方法被广泛采用；Brown 等(2002)提出的分数维 D 以及其测量方法也得到广泛认可。而且，国际岩石力学与岩石工程学会也推荐采用 JRC 来评价裂隙面粗糙度。

关于应力的影响。Louis(1974)认为，裂隙渗流主要受到正应力的影响，而剪应力对裂隙渗流的影响几乎可以忽略；他于 1974 年开始尝试开展裂隙渗流和正应力耦合的试验，通过研究建立了渗透系数与总应力之间的指数关系表达式，后来还进一步对原表达式进行了修正，将原表达式中的总应力替换为有效应力。此后，学者们又围绕正应力对渗流的影响开展了大量研究（王媛，2002）。Detournay(1980)选用人工制作的花岗岩裂隙试样，通过量测多级法向应力作用下的实际流量，反算等效水力隙宽，同时测定各级法向应力作用下的裂隙闭合量，最后拟合得到闭合量和水力等效隙宽之间的线性关系。张有天等(1990)通过人工浇筑两块混凝土板合并形成单裂隙，研究了不同正应力作用下隙宽变化与正应力之间的关系。此外，裂隙岩体也会受到剪切作用，在剪切作用下裂隙容易产生变形。学者们随后围绕剪应力对裂隙渗流的影响也开展了研究，发现渗流应力耦合试验不仅需要考虑正应力的影响，也要考虑剪应力的影响(刘继山，1987；孔亮和王媛，2007)。目前，剪应力对裂隙岩体渗透特性的影响也逐渐成为裂隙岩体渗流的研究热点。

关于充填物的影响。实际上天然裂隙中往往含有散粒充填物，充填物的存在也对整体渗透性有较大影响。速宝玉等(1994)通过充填裂缝模型试验，得出裂缝宽度、充填物孔隙率及颗粒组成是影响充填裂缝渗透性的主要因素，给出了评价充填裂缝渗透系数的半经验公式。于龙和陶同康(1997)分析了充填裂缝间的流体运动，以多孔介质渗流理论为基础，根据 N-S 方程推求出充填裂缝多孔介质水流表达式。刘杰等(2010)和刘欣宇等(2012)对完全填充裂缝岩体渗透特性进行了试验研究，探讨了高围压、不同充填物粒度等因素对填充裂缝岩体渗透特性的影响。田开铭(1983)以流体在低速流过充填砂时受到的阻力与充填砂孔隙率 n 的函数 $(1-n)^2/n^3$ 之间存在正相关关系作为理论基础，按照水力半径等效原则，进一步推求了裂隙在被砂充填时的水力传导系数。

除了上述影响因素以外，裂隙的荷载历史也会对裂隙的渗透特性产生影响。Indraratna 等(1999)通过循环加卸载试验，研究了荷载历史对裂隙渗透特性的影响，指出当裂隙在法向应力作用下达到残余开度，裂隙粗糙面则会在高应力作用下发生“永久性”破坏；此后，再对裂隙进行加卸载，裂隙的渗透特性不会受到明显的影响。裂隙渗流和孔隙水压力还受到动荷载的影响。Svenson 等(2007)研究了在冲击荷载作用下裂隙内动水压力变化，并结合断裂力学理论分析了裂隙开裂过程。Kettil 等(2007)通过建立数值模型，分析了脉冲下具有裂隙的击入桩受到的动水压力问题。当然，影响裂隙渗透特性的因素还有很多，如流体黏性、流体密度、流体温度等(Huang and Rudnicki，2006)，在特殊环境下(如地热工程等)，它们将具有不可忽略的作用(Hayashi et al.，1999)。

前人经过大量的试验(Wang et al.，2014；Gong and Gu，2015；Qu et al.，2018)和数值模拟(Zhang et al.，2019；Huang et al.，2011)分析研究了含管道岩体的渗透特性。Zhang 等(2012)、Rong 和 Shi(2015)采用格子玻尔兹曼(lattice Boltzmann)方法模拟了轴对称渗流通过多孔岩石介质和管道，分别得到了它们的速度分布。目前，对含管道的多孔岩体渗透特性的理论研究较少。经典的哈根-泊肃叶(Hagen-Poiseuille)定律是在假定岩体不透且流体只在管道中流动的情况下推导出来的(Vennard and Street，1961)，该定律被广泛应用于含管道的岩石介质流体模拟(Jeannin，2001；Springer，2004；Thrailkill et al.，1991)。Peterson 和 Wicks(2006)研究发现，Hagen-Poiseuille 定律的计算结果对管道的长度和孔径敏感。岩石基质是多孔的，对于高渗透性岩石基质，其渗透性不可忽视(Bloch et al.，2002)。对此，Darcy 定律通常被用来描述岩石基质中的流体运动(Bear，1975；Whitaker，1986a，1986b；Pan and Dias，2016；Vázquez-Báez et al.，2019；Chen et al.，2019)。Arbogast 和 Lehr(2006)分别用 Stokes 方程和 Darcy 定律描述了孔洞和多孔岩石中的流体流动，采用 Darcy-Stokes 模型推导了在 Beavers-Joseph-Saffman 界面边界条件下孔洞多孔岩石的有效渗透率(Saffman，1971)。由于多孔介质与黏性流体交界面附近渗流为非线性 non-Darcy 流，Darcy 定律难以应用(Deng and Martinez，2005；Marušić-Paloka et al.，2012)。Brinkman(1949a，1949b)基于 Darcy 定律，在流体中加入黏性剪应力项来解释 non-Darcy 效应，并提出了 Brinkman-extended Darcy 方程。Carrillo 等(2020)提出了一种多相 Darcy-Brinkman 方法来模拟包含无固相区域和多孔基质混合系统中的两相流动。Soulaine 等(2019)提出了一种描述页岩地层多相流体(页岩气)运移的微连续体框架，并采用两相 Darcy-Brinkman-Stokes 方程来控制流速。Jennings 和 Pisipati(1999)基于 Brinkman 对 Darcy 定律的扩展，推导出一种新的解析解，适用于多孔介质优先通道内及周围的流动。Kanschat 等(2017)基于 Darcy-Brinkman 体系，采用几何多重网格法进行有限元近似，模拟高非均质多孔介质中的流体运动。实际上，Darcy-Brinkman 方法不仅是在 Darcy 定律的基础上增加了“黏性剪应力”这一项，该方法也可以由第一性原理和体积平均推导出来。

虽然岩体渗流研究方面已取得了丰富的成果和较大的进展，但仍存在诸多需要提升和改进的地方。工程实践中仍普遍将岩土体地下水渗流按线性 Darcy 定律考虑，难以反映裂缝流、管道流对岩体渗流和壁面伴随的拖曳力对力学响应的贡献，甚至导致管缝壁面处流体切应力存在不连续而产生数学奇异问题；当前研究虽然考虑了管缝非线性水流特质，却忽略了岩土体基质孔隙和非贯通管缝的储水效应，尤其是大多都忽略了管缝水流与岩土体基质渗流之间的耦合作用效应。

3. 关于流固耦合界面的研究

裂隙管缝水流与岩石基质之间存在明显的固液界面效应，其对裂隙管缝水流运动和岩石基质渗流均有影响。Deng 和 Martinez(2005)介绍了几种边界条件，并采用 Ochoa-Tapia 和 Whitaker(1995a，1995b)提出的应力跳跃(stress-jumped)边界条件进行求解，求解出了二维流体在裂隙和多孔介质中的流速分布；Arbogast 和 Lehr(2006)采用 Beavers-Joseph-Saffman 界面边界条件推导出了裂缝岩体等效渗透系数的表达式。这种客观存在的流固界面效应在实践中经常遇到，下面以水流作用下边坡稳定性分析进行说明。

胡其志等(2010)在研究水力作用下顺层岩质边坡稳定性时，认为地下水作用主要为沿裂隙面分布的裂隙水压力和顺裂隙面方向分布的水流拖曳力。姚童刚(2016)在研究降雨入渗对顺层边坡稳定性的影响时，也引入水流拖曳力对边坡稳定性进行分析。师华鹏等(2015)对水力作用下同向双平面滑移型岩质边坡稳定性进行分析时，引入裂隙面水流拖曳力对边坡稳定性进行分析。傅鹤林等(2013)开展了岩体受荷损失分析，研究了裂隙水流作用下斜坡稳定性，将文献报道的拖曳力嵌入刚体极限平衡理论，推求出地下水作用下斜坡稳定系数理论表达。林建忠等(2013)在研究顺层边坡水力特性及稳定性时，分析了裂隙水流动、静水作用效应，认为结构面中地下水的渗透力最终转化为作用在结构面壁上的拖曳力，并将充填裂隙渗透力值的一半作为地下水渗流对上部岩体的拖曳力进行分析。刘才华(2006)在分析顺层边坡水力驱动型滑移破坏的形成与演变的基础上，探讨了地下水对顺层边坡稳定性的影响，认为当后缘主控裂缝与潜在滑动面连通后，裂隙水将顺着这个通道发生流动，流动过程中会对坡体产生三种作用力：静水压力、扬压力和拖曳力，这三种作用力均与后缘水头高度有关；并分别推求出影响斜坡稳定的主控裂隙临界水头高度以及临界降雨强度。向云龙等(2018a，2018b)分析了裂隙水流拖曳力和地表径流拖曳力对边坡稳定性的影响。此外，在水力学领域计算水流流经水力管道、引水明渠的沿程水头损失，以及评价水流对河床冲刷、河岸侵蚀的作用机理，本质上也体现了流固界面的拖曳力效应。

4. 关于岩土体的力学和渗流特质研究

岩土体内部的多孔网络结构致使岩土体的力学和渗流特质也非常复杂。地下水渗流条件下岩土体及与之相关的工程建(构)筑物失稳破坏乃至灾变事故发生过程，常伴随复杂的应力和渗流环境变化(符文熹等，2002a，2002b)。然而，地下水渗流条件下岩土体的力学响应机理是评价工程建(构)筑物稳定安全的基础，同时，岩土体的力学和渗流特质及其耦合问题也是当前学术界研究的热点问题、工程界面临的难点问题(Wang et al.，2015)。

位于地下水位之下的岩土体或地表水与地下水之间存在水力联系的岩土体，

遭受最直接的力学作用是水的软化和劣化。Barton 等(1985)较早就开创了岩石节理的变形和渗流耦合测试。近年来，Masuda(2001)通过室内试验，揭示了水对岩石试样强度和变形的软化作用机理；Chai 等(2014)分析了三峡库区泥质岩和水的相互作用关系；Wasantha 和 Ranjith(2014)研究了不同水作用条件对岩石力学性能的影响。在力学和渗流特质测试方面，邹航等(2015)对不同粒度砂岩的力学和渗透特性开展了试验研究，探讨了不同加(卸)载方式下力学和渗透行为的变化；李佳伟等(2013)根据室内试验结果，探讨了瓦斯压力下煤岩的力学和渗透特性；王小江等(2012)结合室内试验结果，推导了渗透系数与体积应变的关系；Marcak(1994)研究了煤的渗透性与声发射之间的关联性；王璐等(2015)对围压条件下细砂岩的渗透性和声发射特征进行测试，探讨了细砂岩变形破坏过程中的渗透特性及声发射特征；黄先伍等(2005)对破碎砂岩进行稳态渗透试验，得出了渗透率、non-Darcy 流 β 因子和孔隙率之间的关系。此外，夏炜洋等(2007)在盾构法隧道中采取水土合算和考虑流固耦合效应两种方式，对比原观资料，提出流固耦合更能客观反映隧道渗流的力学行为；Tang 等(2002)提出了岩石破坏中的流体、应力和损伤耦合分析方法。

从前人研究看，学术界关注水对岩土体力学特质和力学行为的影响，除采用经典岩土力学理论中的有效应力原理外，主要限于水对岩土体的软化、劣化作用，流固耦合研究方面仍多限于岩土体孔隙介质渗透率的围压效应。尤其是多孔介质岩土体流固耦合计算方面，对渗流条件下岩土体的力学响应研究，仅简单处理为面压力或渗流力，并未考虑岩土体中含不同充填率贯通管缝流在不同介质界面的拖曳力效应。

综上所述，岩土体多孔介质作为地质灾害、岩土工程领域各类建(构)筑物的承载体，要全面真实地反映地下水运动的水力联系网络通道(即贯通管缝、非贯通管缝、孔隙结构及其组合)、水流和岩土体内部固体骨架之间的流固耦合、应力环境等极其困难。针对地下水渗流环境下岩土体的稳定性评价大多忽略了流固界面的拖曳力效应，对含贯通管缝岩土体多孔介质进行适当简化和合理假设，概化出能求解的流固耦合非线性数学模型，分析贯通管缝 N-S 流(自由流)和岩土体基质 non-Darcy 流(渗流)耦合作用下的流场特征和流体切应力分布，从而在岩土体稳定性计算中嵌入壁面拖曳力，量化拖曳力对岩土体失稳致灾的力学响应贡献。

第 2 章　自由流和渗流理论

2.1　连续性方程

微分形式的流体力学基本方程主要用于描述流场空间域内点的流速、压强、流量等物理量的关系，求解这些方程可得到物理量在空间分布的特征。流体连续性方程是根据质量守恒定律推导出来的。在流场内取一微元六面单元体，如图 2-1 所示，单元体边长分别为 dx、dy、dz。假设流体为不可压缩流体，流体密度记为常数ρ。流体流经单元体的时间为 dt。在 x 方向，流体流入单元体的质量记为 dm_x、流出单元体的质量记为dm'_x，流体流入与流出单元体的质量差记为Δm_x。

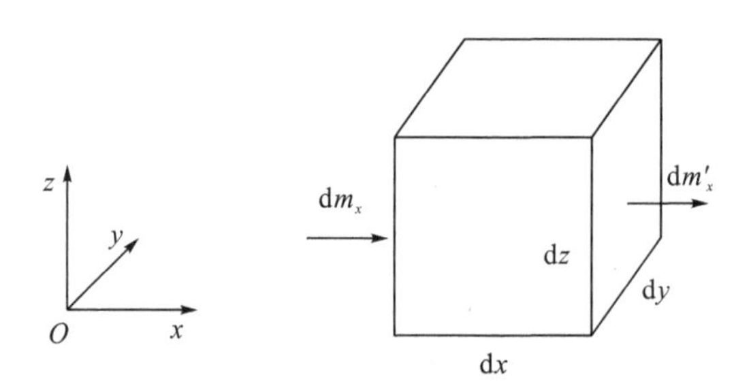

图 2-1　流体流入、流出微元体(x 方向)

在 x 方向，流体流入单元体的质量计算：

$$\mathrm{d}m_x = \rho u_x \mathrm{d}x\mathrm{d}y\mathrm{d}z\mathrm{d}t \tag{2-1}$$

式中，dm_x 为流体在 x 方向流入单元体的质量微分形式(M)；ρ为流体密度(ML^{-3})；u_x 为流体在 x 方向的流速(LT^{-1})；dx 为单元体在 x 方向的边长微分形式(L)；dy 为单元体在 y 方向的边长微分形式(L)；dz 为单元体在 z 方向的边长微分形式(L)；dt 为流体流经单元体的时间微分形式(T)。

在 x 方向，流体流出单元体的质量计算：

$$\mathrm{d}m'_x = \rho\left(u_x + \frac{\partial u_x}{\partial x}\right)\mathrm{d}x\mathrm{d}y\mathrm{d}z\mathrm{d}t \tag{2-2}$$

式中，dm'_x 为流体在 x 方向流出单元体的质量微分形式(M)；u_x 为流体在 x 方向的流速(LT^{-1})；$\partial u_x/\partial x$ 为流体在 x 方向流速 u_x 的偏导。

在 x 方向，流体流入与流出单元体的质量差Δm_x计算：

$$\Delta m_x = \mathrm{d}m_x - \mathrm{d}m'_x \tag{2-3}$$

式中，Δm_x为流体在 x 方向流入与流出单元体的质量差(M)。

将式(2-1)和式(2-2)代入式(2-3)可得

$$\Delta m_x = \rho\frac{\partial u_x}{\partial x}\mathrm{d}x\mathrm{d}y\mathrm{d}z\mathrm{d}t \tag{2-4}$$

同理，在 y 方向，流体流入与流出单元体的质量差Δm_y为

$$\Delta m_y = \rho\frac{\partial u_y}{\partial y}\mathrm{d}x\mathrm{d}y\mathrm{d}z\mathrm{d}t \tag{2-5}$$

式中，Δm_y为流体在 y 方向流入与流出单元体的质量差(M)；u_y为流体在 y 方向的流速(LT^{-1})；$\partial u_y/\partial y$ 为流体在 y 方向流速 u_y 的偏导。

同理，在 z 方向，流体流入与流出单元体的质量差Δm_z为

$$\Delta m_z = \rho\frac{\partial u_z}{\partial z}\mathrm{d}x\mathrm{d}y\mathrm{d}z\mathrm{d}t \tag{2-6}$$

式中，Δm_z为流体在 z 方向流入与流出单元体的质量差(M)；u_z为流体在 z 方向的流速(LT^{-1})；$\partial u_z/\partial z$ 为流体在 z 方向流速 u_z 的偏导。

在 dt 时间内，流体流入与流出单元体的总质量差Δm计算：

$$\Delta m = \Delta m_x + \Delta m_y + \Delta m_z \tag{2-7}$$

式中，Δm 为流体流入与流出单元体的总质量差(M)。

将式(2-4)～式(2-6)代入式(2-7)可得

$$\Delta m = \rho\left(\frac{\partial u_x}{\partial x}+\frac{\partial u_y}{\partial y}+\frac{\partial u_z}{\partial z}\right)\mathrm{d}x\mathrm{d}y\mathrm{d}z\mathrm{d}t \tag{2-8}$$

单元体内因流体密度变化而减少的质量计算：

$$\Delta m' = -\frac{\partial \rho}{\partial t}\mathrm{d}x\mathrm{d}y\mathrm{d}z\mathrm{d}t \tag{2-9}$$

式中，$\Delta m'$为单元体内因流体密度变化而减少的质量(M)。

根据质量守恒定律可知，流体流入与流出单元体的质量差与单元体内因流体密度变化而减少的质量之间的关系有

$$\Delta m = \Delta m' \tag{2-10}$$

于是，由式(2-8)和式(2-9)可得

$$\rho\left(\frac{\partial u_x}{\partial x}+\frac{\partial u_y}{\partial y}+\frac{\partial u_z}{\partial z}\right)\mathrm{d}x\mathrm{d}y\mathrm{d}z\mathrm{d}t = -\frac{\partial \rho}{\partial t}\mathrm{d}x\mathrm{d}y\mathrm{d}z\mathrm{d}t \tag{2-11}$$

化简式(2-11)，则有

$$\rho\left(\frac{\partial u_x}{\partial x}+\frac{\partial u_y}{\partial y}+\frac{\partial u_z}{\partial z}\right) = -\frac{\partial \rho}{\partial t} \tag{2-12}$$

对于不可压缩流体，由于流体密度ρ为常数，则有

$$\frac{\partial \rho}{\partial t}=0 \tag{2-13}$$

将式(2-13)代入式(2-12)，则推导出流体连续性方程：

$$\frac{\partial u_x}{\partial x}+\frac{\partial u_y}{\partial y}+\frac{\partial u_z}{\partial z}=0 \tag{2-14}$$

2.2 Darcy 定律

在岩土体多孔介质地下水渗流中，地下水实际是沿着岩土体中的各种空隙发生流动，包括岩土体的基质孔隙、岩土体中的裂缝和管道。因此，岩土体多孔介质地下水渗流是杂乱无章的、十分复杂的，如图 2-2(a)所示。

为了研究岩土体多孔介质整个含水层的渗流规律，常假定地下水充满整个含水系统(包括空隙和固体骨架)，即渗流充满整个流场。这就是所谓的理想渗流，如图 2-2(b)所示。将实际渗流转变成理想渗流，有以下两个原则。

(1)流量等效。理想渗流通过某断面的流量等于断面上空隙面积的实际流量。

(2)能量等效。理想渗流通过岩土体介质所受阻力和实际渗流所受阻力相同。

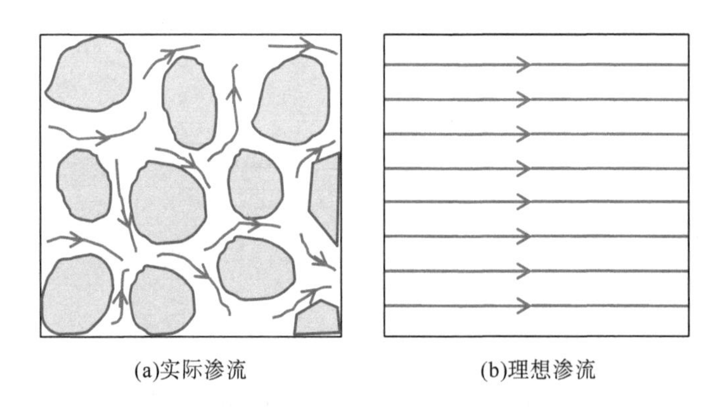

(a)实际渗流　　(b)理想渗流

图 2-2　岩土体介质中地下水渗流

岩土体多孔介质中地下水渗流的流速分布特征示意如图 2-3(a)所示。地下水仅在岩土体固体颗粒之间的孔隙中流动，岩土体颗粒骨架处的流速为零。地下水渗流在岩土体各颗粒之间孔隙的中间位置处流速最大，越靠近岩土体固体颗粒则流速越小。

岩土体多孔介质中地下水渗流的各种流速关系如图 2-3(b)所示。地下水通过固体颗粒之间的孔隙流速是地下水质点的真实流速 u_r，u_r 实际分布曲线为抛物型。

单个孔隙渗流的平均流速 v_j 是对该孔隙过水断面 u_r 分布的积分平均。地下水孔隙渗流平均流速 v_{ja} 是过水断面各孔隙 u_r 分布的积分平均。

岩土体多孔介质渗透性大小的描述，通常采用地下水渗流平均流速 v_a，即过水断面(含孔隙和固体颗粒的总面积)的平均流速。实际上，平均流速 v_a 是一个假想的流速，v_a 分布为直线，如图 2-3(b)所示。

真实流速 u_r 与平均流速 v_a 有如下关系：

$$v_a = \frac{1}{A}\int u_r \mathrm{d}A \tag{2-15}$$

式中，v_a 为过水断面的平均流速(LT^{-1})；A 为过水断面的面积(L^2)；u_r 为地下水质点的真实流速(LT^{-1})。

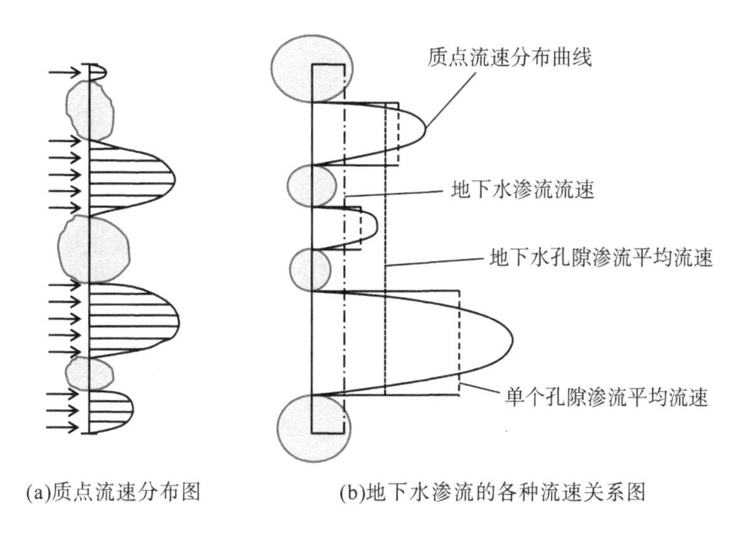

(a)质点流速分布图　(b)地下水渗流的各种流速关系图

图 2-3　岩土体多孔介质中的流速分布

在均匀的岩土体多孔介质中，地下水质点真实流速 u_r 呈波浪状周期分布，如图 2-4(a)所示；过水断面的平均流速 v_a 仍为直线，如图 2-4(b)所示。不管是过水断面的平均流速还是真实流速，都不能很好地反映固液边界影响情况下的流速变化趋势。因此，对岩土体多孔介质可采用孔隙局部平均流速 v_j 来描述渗流变化特征。孔隙局部平均流速 v_j 是取一微元体进行流速平均，v_j 在一微元段呈直线分布，但是在整个多孔介质中呈曲线分布，如图 2-4(c)所示。这就像圆实际是由无限多个直线段组成的一样。地下水质点真实流速 u_r、断面平均流速 v_a 和局部平均流速 v_j 的变化特征如图 2-4 所示。

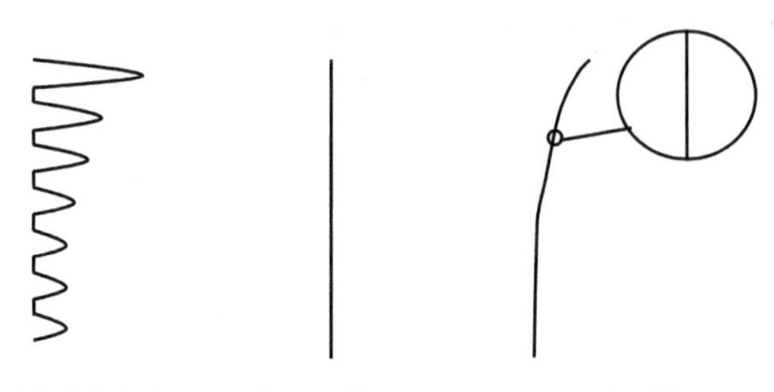

(a)地下水质点真实流速u_r　(b)断面平均流速v_a　(c)局部平均流速v_j

图 2-4　均匀岩土体多孔介质地下水三种流速示意图

地下水质点真实流速 u_r 与地下水渗流的局部平均流速 v_j 的关系有

$$u_r(n\Delta A) = v_j \Delta A \tag{2-16}$$

式中，u_r 为地下水在孔隙内质点真实流速（LT^{-1}）；n 为岩土体多孔介质的孔隙率（无量纲）；ΔA 为微元体过水断面面积（L^2）；v_j 为地下水渗流的局部平均流速（LT^{-1}）。

在 1852～1855 年，法国工程师 Henry Darcy 对圆筒密砂试样开展了一系列常水头渗透试验研究，发现层流状态下渗流速度 v 与水力梯度 J 成正比（也即渗流速度 v 与水头差Δh 成正比、与渗流路径长度 s 成反比），进而提出了能很好地描述均匀孔隙介质中雷诺数 Re（表示作用于流体微团的惯性力与黏性力之比，与流体黏滞性成反比）上限为[1, 10]时的层流运动关系式（Vadlamudi，1964），即岩土体渗流计算广泛采用的 Darcy 定律：

$$v = kJ \tag{2-17}$$

式中，v 为渗流速度（LT^{-1}）；k 为反映多孔介质透水性质的比例系数（LT^{-1}），称为渗透系数，与多孔介质自身的性质和流体特性有关；J 为水力梯度（无量纲），又称渗透比降，是指沿渗流路径 s 方向的水头 h 损失，即 $J = -\mathrm{d}h/\mathrm{d}s$。

式（2-17）表明均匀的岩土体多孔介质中渗流流速 v 与水力梯度 J 成正比，即线性 Darcy 定律。实际上，Darcy 渗透试验中的渗流是被理想化为均匀流。将任意质点真实速度 u 等价于断面的平均流速 v，则式（2-17）可表示为

$$u = kJ \tag{2-18}$$

后来大量的研究表明，Darcy 定律可近似推广应用到非均匀渗流和非恒定渗流中。此时，Darcy 定律表达式只能采用针对任意质点的式（2-18），并应采用偏微分形式：

$$u = -k\frac{\partial h}{\partial s} \tag{2-19}$$

Darcy 定律可根据受力平衡，由多孔介质中层流运动所受阻力关系推导出来。如图 2-5 所示，作用在倾斜角为θ、断面面积为 $\mathrm{d}A$、水流路径长度为 $\mathrm{d}s$ 的微元圆

柱体上的力有：两端的孔隙水压力分别为 p 和 p+dp、孔隙中水流自重 G 沿流动方向的分量 $G\sin\theta$、水流受到绕颗粒的总摩阻力 F。水流自重 $G=\gamma_w n\mathrm{d}s\mathrm{d}A$。其中，$\gamma_w$ 是水的容重（也称重度），$\gamma_w=\rho g$；g 是重力加速度，一般取 $g=9.81\mathrm{m/s^2}$。

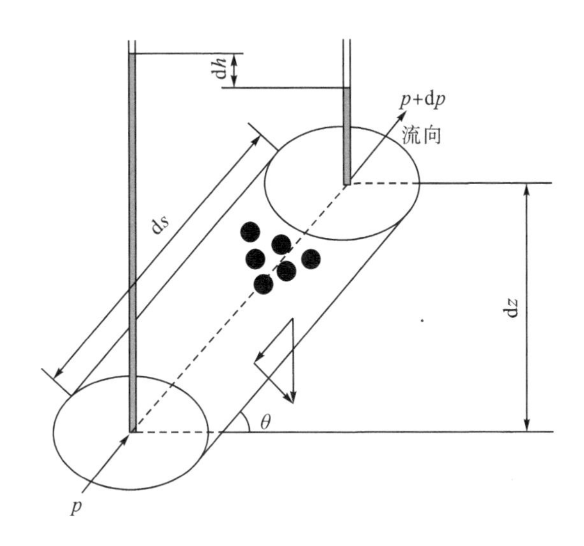

图 2-5　流经微元圆柱体的水流受力平衡

沿图 2-5 所示的水流方向，流经微元圆柱体的水流受力平衡式（略去水流的惯性力）为

$$[pn\mathrm{d}A-(p+\mathrm{d}p)n\mathrm{d}A]-\gamma_{\mathrm{w}}n\mathrm{d}s\mathrm{d}A\sin\theta-F=0 \tag{2-20}$$

式中，p 为孔隙水压力（$\mathrm{L^{-1}MT^{-2}}$）；n 为孔隙率（无量纲）；s 为渗流路径长度（L）；A 为断面面积（$\mathrm{L^2}$）；F 为水流受到绕颗粒的摩阻力（$\mathrm{MLT^{-2}}$）；θ为圆柱体倾斜角（无量纲）；γ_w 为水的容重（$\mathrm{ML^{-2}T^{-2}}$），$\gamma_w=\rho g$；g 为重力加速度（$\mathrm{LT^{-2}}$）。

化简式（2-20）得

$$\mathrm{d}pn\mathrm{d}A+\gamma_{\mathrm{w}}n\mathrm{d}s\mathrm{d}A\sin\theta+F=0 \tag{2-21}$$

水头 h 与孔隙水压力 p 有如下关系：

$$h=\frac{p}{\gamma_{\mathrm{w}}}+z \tag{2-22}$$

式（2-22）可写为

$$p=\gamma_{\mathrm{w}}(h-z) \tag{2-23}$$

式（2-23）取微分形式为

$$\mathrm{d}p=\gamma_{\mathrm{w}}(\mathrm{d}h-\mathrm{d}z) \tag{2-24}$$

由图 2-5 可知，dz 和 ds 的几何关系为

$$\sin\theta = \frac{\mathrm{d}z}{\mathrm{d}s} \tag{2-25}$$

将式(2-24)和式(2-25)代入式(2-21)，化简可得

$$\frac{\mathrm{d}h}{\mathrm{d}s} + \frac{F}{\gamma_\mathrm{w} n\mathrm{d}s\mathrm{d}A} = 0 \tag{2-26}$$

在此，引入 Stokes 单颗粒层流拖曳力计算公式(申林方等，2010)：

$$D = \lambda\eta d v_\mathrm{j} \tag{2-27}$$

式中，D 为单颗粒层流拖曳力(MLT^{-2})；d 为颗粒直径(L)；v_j 为颗粒周围沿水流方向的局部平均流速(LT^{-1})；η 为水的动力黏滞系数(或动力黏度)(ML^{-1}T^{-1})；λ 为颗粒形状影响系数(无量纲)，对于无限水体中的圆球取$\lambda = 3\pi$。

引入一个球体系数β，圆球时取$\beta = \pi/6$。则流经圆柱体内的固体颗粒总数 N_t 可表达为

$$N_\mathrm{t} = \frac{(1-n)\mathrm{d}A\mathrm{d}s}{\beta d^3} \tag{2-28}$$

于是，可计算总摩阻力 F：

$$F = N_\mathrm{t} D = \frac{(1-n)\mathrm{d}A\mathrm{d}s}{\beta d^2}\lambda\eta v_\mathrm{j} \tag{2-29}$$

将式(2-29)代入式(2-26)，考虑过水断面平均渗流速度与孔隙局部水流平均流速关系 $v = nv_\mathrm{j}$ 以及水力梯度 $J = -\mathrm{d}h/\mathrm{d}s$，化简得

$$v = \frac{\beta n^2}{\lambda(1-n)} d^2 \frac{\gamma_\mathrm{w}}{\eta} J \tag{2-30}$$

令系数 C 为

$$C = \frac{\beta n^2}{\lambda(1-n)} \tag{2-31}$$

则式(2-30)变为

$$v = Cd^2 \frac{\gamma_\mathrm{w}}{\eta} J \tag{2-32}$$

式(2-32)用 Darcy 渗透系数 k 替换，则有

$$k = Cd^2 \frac{\gamma_\mathrm{w}}{\eta} \tag{2-33}$$

将式(2-33)代入式(2-32)，则推导出线性 Darcy 定律：

$$v = kJ \tag{2-34}$$

从式(2-33)可以看出，多孔介质渗透系数 k 的大小与 Cd^2、γ_w/η 有关。Cd^2 只取决于多孔介质组成结构(颗粒大小、形状、排列)，γ_w/η 则与流体的性质有关。

2.3　广义 Darcy 定律

设岩土体介质中含水层的水头势函数 φ 为

$$\varphi = z + \frac{p}{\gamma_{\mathrm{w}}} \tag{2-35}$$

式中，γ_{w} 为水的容重($ML^{-2}T^{-2}$)；p 为水流压力($L^{-1}MT^{-2}$)；z 为自某基准面算起的高度(L)，方向垂直向上。

为更具有普适性，设岩土体多孔介质是各向异性的。某一渗流流速 v 的分量不仅与相应的水力梯度 J 的分量成正比，还与水力梯度的其他分量成正比，这就是广义 Darcy 定律。根据广义 Darcy 定律，在 x、y、z 方向的流速分量可用矩阵表示：

$$\{v\} = -[k]\{\varphi'\} \tag{2-36}$$

式中，

$$\{v\} = \begin{bmatrix} v_x & v_y & v_z \end{bmatrix}^{\mathrm{T}} \tag{2-37}$$

$$[k] = \begin{bmatrix} k_{xx} & k_{xy} & k_{xz} \\ k_{yx} & k_{yy} & k_{yz} \\ k_{zx} & k_{zy} & k_{zz} \end{bmatrix} \tag{2-38}$$

$$\{\varphi'\} = \begin{bmatrix} \frac{\partial \varphi}{\partial x} & \frac{\partial \varphi}{\partial y} & \frac{\partial \varphi}{\partial z} \end{bmatrix}^{\mathrm{T}} \tag{2-39}$$

将式(2-36)代入不可压缩流体的连续性方程[式(2-14)]，引入内源 Q，得到水头势 φ 在求解域 R 内必须满足的基本方程：

$$\begin{aligned} &\frac{\partial}{\partial x}\left(k_{xx}\frac{\partial \varphi}{\partial x} + k_{xy}\frac{\partial \varphi}{\partial y} + k_{xz}\frac{\partial \varphi}{\partial z}\right) + \frac{\partial}{\partial y}\left(k_{yx}\frac{\partial \varphi}{\partial x} + k_{yy}\frac{\partial \varphi}{\partial y} + k_{yz}\frac{\partial \varphi}{\partial z}\right) \\ &+ \frac{\partial}{\partial z}\left(k_{zx}\frac{\partial \varphi}{\partial x} + k_{zy}\frac{\partial \varphi}{\partial y} + k_{zz}\frac{\partial \varphi}{\partial z}\right) = Q \end{aligned} \tag{2-40}$$

对于稳态渗流，水头势 φ 还必须满足一定的边界条件。一般有以下两种边界。

(1) 在边界 b 上水头势已知(定水头边界)：

$$\varphi = \varphi_{\mathrm{b}} \tag{2-41}$$

(2) 在边界 c 上单位面积渗流量已知(定流量边界)，即法向流速 v_{n} 已知：

$$v_{\mathrm{n}} = l_x v_x + l_y v_y + l_z v_z \tag{2-42}$$

式中，l_x、l_y、l_z 分别为边界表面外法线在 x、y、z 方向的方向余弦。

将求解域 R 划分为有限个单元 ΔR，设单元的节点为 i、j、$m\cdots$，节点水头为

φ_i、φ_j、φ_m…，单元形函数为 N_i、N_j、N_m…。单元内任一点的水头势 φ 用形函数表示：

$$\varphi_{\mathrm{e}}(x,y,z)=[N]\{\varphi\}_{\mathrm{e}} \tag{2-43}$$

式中，$[N]=[N_i \quad N_j \quad N_m \ \cdots]$；$\{\varphi\}_{\mathrm{e}}=[\varphi_I \quad \varphi_j \quad \varphi_m \ \cdots]^{\mathrm{T}}$。

将式(2-43)代入式(2-36)，得

$$\{\varphi'\}=\begin{bmatrix}\dfrac{\partial\varphi}{\partial x} & \dfrac{\partial\varphi}{\partial y} & \dfrac{\partial\varphi}{\partial z}\end{bmatrix}^{\mathrm{T}}=[B]\{\varphi\}_{\mathrm{e}} \tag{2-44}$$

$$\{v\}=\begin{bmatrix}v_x & v_y & v_z\end{bmatrix}^{\mathrm{T}}=-[k][B]\{\varphi\}_{\mathrm{e}} \tag{2-45}$$

式中，

$$[B]=\begin{bmatrix}\dfrac{\partial N_i}{\partial x} & \dfrac{\partial N_j}{\partial x} & \dfrac{\partial N_m}{\partial x} & \cdots \\ \dfrac{\partial N_i}{\partial y} & \dfrac{\partial N_j}{\partial y} & \dfrac{\partial N_m}{\partial y} & \cdots \\ \dfrac{\partial N_i}{\partial z} & \dfrac{\partial N_j}{\partial z} & \dfrac{\partial N_m}{\partial z} & \cdots\end{bmatrix} \tag{2-46}$$

水力梯度矩阵记为

$$[J]=-[B][H] \tag{2-47}$$

式中，$H=\varphi-z$。

由节点渗流速度 v，通过积分可求得通过已知面 a 的流量 Q：

$$Q=\int_a\{v\}\{l\}\mathrm{d}a \tag{2-48}$$

式中，$\{l\}$为所求流量面法线与 x、y、z 方向的方向余弦。

对于求解域 R 全部节点，可写出方程组：

$$[H]\{\varphi\}=\{F\} \tag{2-49}$$

式中，

$$[H]=\sum_{i=1}^{\mathrm{M1}}[H]_{\mathrm{e}}=\sum_{i=1}^{\mathrm{M1}}\iiint_{\Delta R}[B]^{\mathrm{T}}[k][B]\mathrm{d}x\mathrm{d}y\mathrm{d}z \tag{2-50}$$

$$\{\varphi\}=\{\varphi_1 \quad \varphi_2 \quad \cdots \quad \varphi_{\mathrm{M2}}\} \tag{2-51}$$

$$\{F\}=\iiint_{\Delta R}[N]^{\mathrm{T}}\{a\}\mathrm{d}x\mathrm{d}y\mathrm{d}z-\iint_{\Delta c}[N]^{\mathrm{T}}\{v\}\mathrm{d}s \tag{2-52}$$

前述的岩土体各向异性渗流基本理论已逐渐被用于与地下水相关的饱和与非饱和理论方法和工程中。相应的地下水渗流计算不仅精度高，而且可揭示具各向异性特征的岩土体多孔介质中地下水的渗流动态和规律。

2.4　Brinkman-Darcy 方程

基于流体力学理论的孔隙介质渗流广泛存在于化工、医学、土木等领域(许强等，2016)。为描述岩土体的地下水渗流运动，学者们提出了一系列理论公式。法国水力学家 Henry Darcy 对圆筒密砂试样进行了大量的常水头渗透试验研究，发现层流状态下渗流量与水头差成正比、与渗流路径成反比，进而提出了能很好地描述单一均匀孔隙介质中雷诺数 Re 上限为[1, 10]时层流运动的线性 Darcy 定律(Vadlamudi，1964)。当孔隙介质中流体处于非线性层流、混流状态时，一些学者认为线性 Darcy 方程需修正为 Darcy-Forchheimer 方程(林建忠等，2013；孙婉，2013)。对于松散颗粒填充的孔隙介质渗流，Elíasson(2014)认为 Darcy-Forchheimer 方程不再适用，并提出考虑固液边界影响作用的 Darcy-Lapwood-Forchheimer-Brinkman 方程。

对于由球体颗粒堆积构成的理想多孔介质渗流，Sinha 和 Sharma(2013)研究指出 Darcy-Lapwood-Forchheimer-Brinkman 渗流运动方程忽略了惯性力项和阻力项，他们进一步考虑惯性力项和阻力项，并推求得到适于描述 non-Darcy 渗流运动的 Brinkman-extended Darcy 方程，即布林克曼-达西(Brinkman-Darcy)方程(简记为 B-D 方程)。

在此，对 B-D 方程推导介绍如下。如图 2-6 所示，从多孔介质中分离出一个微元六面单元体，单元体边长为 dx、dy、dz。假设岩土体多孔介质中水流的密度为 ρ_w，水流为不可压缩流体，则单元体水流质量为 ρ_wdxdydz。

先分析单元体内水流在 x 方向上的受力。在 x 方向，单元体内水流的受力包括水流惯性力、左右两侧的孔隙水压力、四个侧面的水流切应力、流动过程中水流受到的渗流阻力。

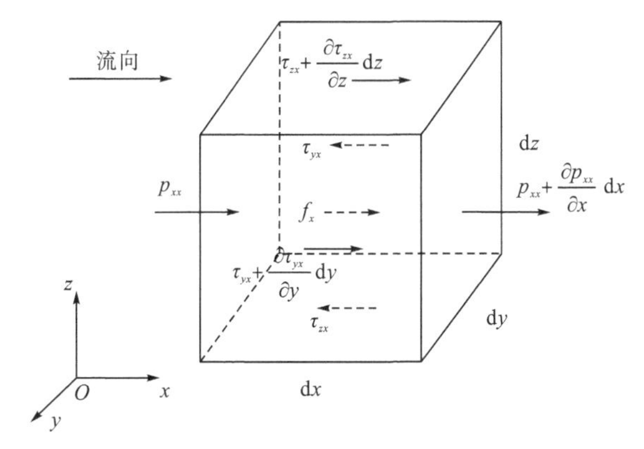

图 2-6　多孔介质微元体中流体的受力分析

沿 x 轴正向记为正，根据 Newton 第二定律，可得 x 方向水流的力平衡方程：

$$\begin{aligned}&\rho_{\mathrm{w}} n f_x \mathrm{d}x\mathrm{d}y\mathrm{d}z - nj\mathrm{d}x\mathrm{d}y\mathrm{d}z + np_{xx}\mathrm{d}y\mathrm{d}z - n\left(p_{xx} + \frac{\partial p_{xx}}{\partial x}\mathrm{d}x\right)\mathrm{d}y\mathrm{d}z \\ &\quad - n\tau_{yx}\mathrm{d}x\mathrm{d}z + n\left(\tau_{yx} + \frac{\partial \tau_{yx}}{\partial y}\mathrm{d}y\right)\mathrm{d}x\mathrm{d}z - n\tau_{zx}\mathrm{d}x\mathrm{d}y + n\left(\tau_{zx} + \frac{\partial \tau_{zx}}{\partial z}\mathrm{d}z\right)\mathrm{d}x\mathrm{d}y \\ &\quad - F_x - n\rho_{\mathrm{w}}\mathrm{d}x\mathrm{d}y\mathrm{d}z\frac{\mathrm{d}v_x'}{\mathrm{d}t} = 0\end{aligned} \tag{2-53}$$

式中，ρ_{w} 为水流密度（$\mathrm{ML^{-3}}$）；f_x 为水流在 x 方向的惯性力（$\mathrm{MLT^{-2}}$）；j 为微元体内水流渗透力（$\mathrm{MLT^{-2}}$）；p_{xx} 为孔隙水压力（$\mathrm{ML^{-1}T^{-2}}$）；τ_{yx}、τ_{zx} 为水流切应力（$\mathrm{ML^{-1}T^{-2}}$）；v_x' 为水流在 x 方向的真实流速（$\mathrm{LT^{-1}}$）；t 为时间（T）；F_x 为水流在 x 方向受到各颗粒的总摩阻力（$\mathrm{MLT^{-2}}$）。

多孔介质渗透率 K 与渗透系数 k 的关系有

$$K = \frac{k\eta_{\mathrm{w}}}{\gamma_{\mathrm{w}}} \tag{2-54}$$

式中，K 为渗透率（$\mathrm{L^2}$）；k 为渗透系数（$\mathrm{LT^{-1}}$）；η_{w} 为水的动力黏滞系数（$\mathrm{ML^{-1}T^{-1}}$）；γ_{w} 为水的容重（$\mathrm{ML^{-2}T^{-2}}$）。

考虑 x 方向局部平均流速 v_x 与真实流速 v_x' 的关系 $v_x=nv_x'$，则 x 方向水流总摩阻力 F_x 计算可以用式(2-29)变换为

$$F_x = n\frac{\eta_{\mathrm{w}}}{K}v_x\mathrm{d}x\mathrm{d}y\mathrm{d}z \tag{2-55}$$

将式(2-55)代入式(2-53)，化简得

$$n\rho_{\mathrm{w}} f_x - n\frac{\eta_{\mathrm{w}}}{K}v_x - n\frac{\partial p_{xx}}{\partial x} + n\left(\frac{\partial \tau_{yx}}{\partial y} + \frac{\partial \tau_{zx}}{\partial z}\right) = n\rho_{\mathrm{w}}\frac{\mathrm{d}v_x'}{\mathrm{d}t} \tag{2-56}$$

根据文献(Rong and Shi，2015)可知：

$$p_{xx} = p - 2\eta_{\mathrm{w}}\frac{\partial v_x'}{\partial x} \tag{2-57}$$

$$\tau_{yx} = \eta_{\mathrm{w}}\left(\frac{\partial v_y'}{\partial x} + \frac{\partial v_x'}{\partial y}\right) \tag{2-58}$$

$$\tau_{zx} = \eta_{\mathrm{w}}\left(\frac{\partial v_x'}{\partial z} + \frac{\partial v_z'}{\partial x}\right) \tag{2-59}$$

将式(2-57)～式(2-59)代入式(2-56)，整理得

$$n\rho_{\mathrm{w}}f_x - n\frac{\eta_{\mathrm{w}}}{K}v_x - n\frac{\partial p}{\partial x} + n\eta_{\mathrm{w}}\left(\frac{\partial^2 v_x'}{\partial x^2} + \frac{\partial^2 v_x'}{\partial y^2} + \frac{\partial^2 v_x'}{\partial z^2}\right) + n\eta_{\mathrm{w}}\frac{\partial}{\partial x}\left(\frac{\partial v_x'}{\partial x} + \frac{\partial v_y'}{\partial y} + \frac{\partial v_z'}{\partial z}\right) = n\rho_{\mathrm{w}}\frac{\mathrm{d}v_x'}{\mathrm{d}t} \tag{2-60}$$

已假定水流为不可压缩流体，则引用连续性方程：

$$\frac{\partial v_x'}{\partial x} + \frac{\partial v_y'}{\partial y} + \frac{\partial v_z'}{\partial z} = 0 \tag{2-61}$$

展开式(2-60)中水流的加速度项：

$$\frac{\mathrm{d}v_x'}{\mathrm{d}t} = \frac{\partial v_x'}{\partial t} + v_x\frac{\partial v_x'}{\partial x} + v_y\frac{\partial v_x'}{\partial y} + v_z\frac{\partial v_x'}{\partial z} \tag{2-62}$$

将式(2-61)和式(2-62)代入式(2-60)可得

$$n\rho_{\mathrm{w}}f_x - n\frac{\eta_{\mathrm{w}}}{K}v_x - n\frac{\partial p}{\partial x} + n\eta_{\mathrm{w}}\left(\frac{\partial^2 v_x'}{\partial x^2} + \frac{\partial^2 v_x'}{\partial y^2} + \frac{\partial^2 v_x'}{\partial z^2}\right) = n\rho_{\mathrm{w}}\frac{\partial v_x'}{\partial t} + n\rho_{\mathrm{w}}\left(u_x\frac{\partial v_x'}{\partial x} + u_y\frac{\partial v_x'}{\partial y} + u_z\frac{\partial v_x'}{\partial z}\right) \tag{2-63}$$

在此仅考虑水流为恒定流，则有

$$\partial v_x'/\partial t = 0 \tag{2-64}$$

沿 x 方向的真实流速 v_x' 与局部平均流速 v_x 的转换关系为 $v_x' = v_x/n$。沿 y 方向的真实流速 v_y' 与局部平均流速 v_y、沿 z 方向的真实流速 v_z' 与局部平均流速 v_z，有类似关系，即 $v_y' = v_y/n$、$v_z' = v_z/n$。结合式(2-64)，把 $v_x' = v_x/n$ 代入式(2-63)，整理得多孔介质中水流在 x 方向的运动方程：

$$\rho_{\mathrm{w}}nf_x - n\frac{\eta_{\mathrm{w}}}{K}v_x - n\frac{\partial p}{\partial x} + \eta_{\mathrm{w}}\left(\frac{\partial^2 v_x}{\partial x^2} + \frac{\partial^2 v_x}{\partial y^2} + \frac{\partial^2 v_x}{\partial z^2}\right) = \rho_{\mathrm{w}}\left(v_x\frac{\partial v_x}{\partial x} + v_y\frac{v_x}{\partial y} + v_z\frac{v_x}{\partial z}\right) \tag{2-65}$$

同理，多孔介质中水流在 y 方向的运动方程也可得到：

$$
\begin{aligned}
&\rho_{\mathrm{w}} n f_y - n\frac{\eta_{\mathrm{w}}}{K}v_y - n\frac{\partial p}{\partial y} + \eta_{\mathrm{w}}\left(\frac{\partial^2 v_y}{\partial x^2} + \frac{\partial^2 v_y}{\partial y^2} + \frac{\partial^2 v_y}{\partial z^2}\right) \\
&= \rho_{\mathrm{w}}\left(v_x\frac{\partial v_y}{\partial x} + v_y\frac{v_y}{\partial y} + v_z\frac{v_y}{\partial z}\right)
\end{aligned}
\tag{2-66}
$$

式中，f_y为水流在 y 方向的惯性力(MLT^{-2})。

同理，多孔介质中水流在 z 方向的运动方程也可得到：

$$
\begin{aligned}
&\rho_{\mathrm{w}} n f_z - n\frac{\eta_{\mathrm{w}}}{K}v_z - n\frac{\partial p}{\partial y} + \eta_{\mathrm{w}}\left(\frac{\partial^2 v_z}{\partial x^2} + \frac{\partial^2 v_z}{\partial y^2} + \frac{\partial^2 v_z}{\partial z^2}\right) \\
&= \rho_{\mathrm{w}}\left(v_x\frac{\partial v_z}{\partial x} + v_y\frac{v_z}{\partial y} + v_z\frac{v_z}{\partial z}\right)
\end{aligned}
\tag{2-67}
$$

式中，f_z为水流在 z 方向的惯性力(MLT^{-2})。

式(2-65)～式(2-67)描述的多孔介质中不可压缩水流运动方程，可用张量形式表示为

$$
\rho_{\mathrm{w}} n\boldsymbol{f} - n\nabla\boldsymbol{p} + \eta_{\mathrm{w}}\nabla^2\boldsymbol{v} - n\frac{\eta_{\mathrm{w}}}{K}\boldsymbol{v} = \rho_{\mathrm{w}}(\boldsymbol{v}\cdot\nabla)\boldsymbol{v}
\tag{2-68}
$$

式中，$\boldsymbol{f}$、$\boldsymbol{p}$、$\boldsymbol{v}$ 分别为水流惯性力、压强和流速的张量形式；∇为哈密顿(Hamilton)算子。

2.5 Navier-Stokes 方程

Navier-Stokes 方程(简称 N-S 方程)是 Newton 第二定律在不可压缩黏性流体中的表达式。N-S 方程是法国力学家 Navier 于 1821 年创立，经英国物理学家 Stokes 于 1845 年改进而确定的，因此以 Navier 和 Stokes 命名。N-S 方程是一组描述像液体和空气这样的流体物质的方程。这些方程建立了流体的粒子动量的改变率(加速度)、作用在液体内部的压力变化和耗散黏滞力(类似于摩擦力)以及引力之间的关系。

在流体动力学领域，N-S 方程是常用的物理模型，并且是流体力学中表达不可压缩流体最全面的微分方程。N-S 方程可用于建模天气、洋流、管道中的水流，星系中恒星的流动，翼型周围的气流；还可用于飞行器和车辆的流线设计、血液循环模拟、电站的设计、污染效应的分析等。

N-S 方程反映了黏性流体(又称真实流体)流动的基本力学规律，在流体力学中有十分重要的意义。N-S 方程依赖微分方程来描述流体的运动。和代数方程不

同，N-S 方程不寻求建立所研究的变量(譬如速度和压力)的关系，而是建立这些量的变化或通量之间的关系。用数学术语讲，这些变化率对应于变量的导数。这样最简单情况的无黏滞度的理想流体的 N-S 方程，表明加速度(速度的导数，也即变化率)和内部压力的导数成正比。

N-S 方程是一个非线性偏微分方程，求解非常困难和复杂，只在某些简单的流动问题上能求得 N-S 方程的精确解。建立的可求解的 N-S 方程模型仅 60 余种(李绍武和尹振军，2004)。在一些较为的复杂情况下，可用简化方程得到近似解，例如当 $Re = 1$ 时(Re 的定义是作用在流体微团的惯性力与黏性力之比，与流体黏滞系数成反比)，边界层外，黏性力远小于惯性力，方程中黏性项可以忽略，N-S 方程简化为理想流动中的欧拉(Euler)方程；而在边界层内，N-S 方程又可简化为边界层方程等。在计算机问世和迅速发展以后，N-S 方程的数值求解有了很大的发展。

为了解决实际工程问题，必须根据实际问题的物理特征对 N-S 方程进行不同程度的简化，建立各种近似的数学模型和数学方程。广泛采用的简化近似方程有线性位流方程、非线性位流方程、非线性 Euler 方程、边界层方程、黏性薄层近似方程和抛物化 N-S 方程等。

(1) 线性位流方程。假设气体无黏性，存在速度位对绕细长机身薄翼及其组合体的纯亚声速和纯超声速小迎角绕流，可以进一步假设这类物体对流场产生小扰动，将速度位方程线性化，从而给出线性位流方程。

(2) 非线性位流方程。假设气体无黏性，对含有弱激波的跨声速绕流问题，即使在小扰动假定下，也不能将方程线性化，但是仍可假设存在速度位，这时采用的方程为非线性位流方程。

(3) 非线性 Euler 方程。该方程由瑞士数学家莱昂哈德・欧拉(Leonhard Euler)建立，也是假设气体无黏性，但是比前面两种方程更为精确。对于具有较强激波或有分离涡面的流动和其他复杂的问题，在求气体动力问题时常采用这种方程。

(4) 边界层方程。Re 很高的气流绕过飞行器表面时，在物面很薄的流体层内，黏性力的作用不可忽略，以小参数简化 N-S 方程而得到的一级近似方程称为边界层方程。它是由德国流体力学家路德维希・普朗特(Ludwig Prandtl)提出的，又称 Prandtl 边界层方程。

(5) 黏性薄层近似方程。仍假设黏性的影响主要集中在飞行器表面附近的薄层内，但以小参数简化 N-S 方程时，准确度比边界层方程更高一阶，这样获得的方程称为黏性薄层近似方程。与边界层方程相比，它适用的 Re 范围更大，且考虑了黏性、无黏性的相互干扰作用。

(6) 抛物化 N-S 方程。在 N-S 方程中略去一切沿主流方向的二阶黏性耗散项后所得到的方程，这样获得的方程组在数学性质上是抛物型的，因此称为抛物化

N-S 方程。

N-S 方程相当复杂，在进行有实际意义的工程问题计算时，要求有较大的机器存储量和较长的计算机时，这要求发展每秒数十亿次运算速度的高速大容量的电子计算机。为了解决机器不能满足要求的问题，很多人提出对 N-S 方程进行简化。研究表明，当 Re 大于 10^3 时，大多数黏性绕流相对于物面，其流向的黏性项不是很重要，从而可把它从 N-S 方程中略去，使方程简化，这种简化的 N-S 方程已被成功应用到各种附体流及分离不很严重的流动，成为数值求解 N-S 方程的一个重要手段。

在应用 N-S 方程之前，首先对流体做出两个基本假设：①流体是连续的，这强调它不包含形成内部的空隙，例如溶解的气体的气泡，而且不包含雾状粒子的聚合；②所有涉及的场全部是可微的，例如压强、速度、密度、温度等。N-S 方程求解方式有定常流动的时间相关法和直接求解法两种。

(1) 定常流动的时间相关法。这种方法是在定常运动的微分方程组中，引入时间项，然后沿时间方向推进，取时间相当大的渐近解为定常解。由于主要关心的是定常解，所以附加的时间项可以是有物理意义的，也可以是虚设的。为便于计算，常采用时间分裂法，即把多维非定常方程分裂为几个一维非定常方程。具体计算时，多采用有限差分方法(显式、隐式、显-隐混合式)。空间导数可采用有限元法来离散化。这种方法原则上也适用于非定常流。但是在进行计算时，为了能准确刻画流动随时间的变化规律，时间方向的计算格式也应是高阶精度的。

(2) 直接求解法。这种方法是应用有限差分或有限元法对定常方程直接进行离散化，然后利用松弛法或交替方向的算法进行数值计算。在进行 N-S 方程计算时，如果流场内出现激波，应作特殊处理。目前除采用激波装配法外，广泛采用激波捕捉法，此时应处理好人工黏性(或格式黏性)与真实黏性之间的关系。在激波出现的区域，为了捕捉激波，避免计算结果在激波附近可能出现的波动，人工黏性(或格式黏性)应大于真实黏性。但是在黏性起作用的区域，为了准确地描述真实流动，必须要求人工黏性(或格式黏性)小于真实黏性。N-S 方程的数值计算已经取得较大的进展。以前长期不能很好解决的二维、三维分离流动以及激波与边界层相互干扰等问题，现在都得到了一些较好的计算结果，且和实验结果一致。因此，随着计算机技术水平的进一步提升，N-S 方程的数值求解会有更大的发展。

下面对 N-S 方程推导过程作简要介绍。从无限流体中取一个微元六面单元体，并建立空间直角坐标系，如图 2-7 所示。假设流体的密度为 ρ，单元体沿三个坐标轴方向的长度分别为 dx、dy、dz，则单元体质量为 $\rho dxdydz$。以 x 方向单元体的受力平衡进行分析，单元体在 x 方向主要的受力有：x 方向两端的压强 p_{xx}、p_{xx} +

$(\partial p_{xx}/\partial x)\,\mathrm{d}x$，$x$ 方向的单位惯性力 f_x，x 方向的切应力 τ_{zx}、$\tau_{zx}+(\partial\tau_{zx}/\partial z)\,\mathrm{d}z$ 和 τ_{yx}、$\tau_{yx}+(\partial\tau_{yx}/\partial y)\,\mathrm{d}y$。在 x 方向流体的真实流速记为 u_x'。

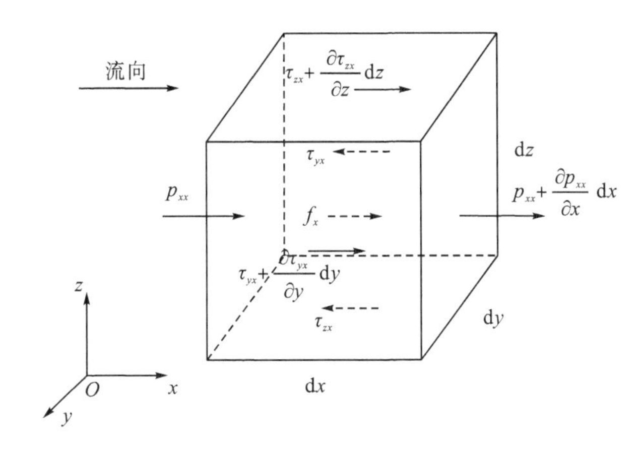

图 2-7　纯流体单元体受力分析

假定 x 方向为正方向，基于 Newton 第二定律，沿 x 方向的力平衡可表示为

$$\begin{aligned}&\rho f_x\mathrm{d}x\mathrm{d}y\mathrm{d}z+p_{xx}\mathrm{d}y\mathrm{d}z-\tau_{yx}\mathrm{d}x\mathrm{d}z-\tau_{zx}\mathrm{d}x\mathrm{d}y-\left(p_{xx}+\frac{\partial p_{xx}}{\partial x}\mathrm{d}x\right)\mathrm{d}y\mathrm{d}z\\&+\left(\tau_{yx}+\frac{\partial\tau_{yx}}{\partial y}\mathrm{d}y\right)\mathrm{d}x\mathrm{d}z+\left(\tau_{zx}+\frac{\partial\tau_{zx}}{\partial z}\mathrm{d}z\right)\mathrm{d}x\mathrm{d}y-\rho\mathrm{d}x\mathrm{d}y\mathrm{d}z\frac{\mathrm{d}u_x'}{\mathrm{d}t}=0\end{aligned}\tag{2-69}$$

式中，f_x 为流体在 x 方向的惯性力$(\mathrm{MLT^{-2}})$；ρ 为流体密度$(\mathrm{ML^{-3}})$；p_{xx} 为在 x 方向的流体压强$(\mathrm{ML^{-1}T^{-2}})$；τ_{yx}、τ_{zx} 为流体切应力$(\mathrm{ML^{-1}T^{-2}})$；u_x'为流体在 x 方向的真实流速$(\mathrm{LT^{-1}})$；t 为时间(T)。

化简式(2-69)可得

$$\rho f_x-\frac{\partial p_{xx}}{\partial x}+\left(\frac{\partial\tau_{yx}}{\partial y}+\frac{\partial\tau_{zx}}{\partial z}\right)=\rho\frac{\mathrm{d}u_x'}{\mathrm{d}t}\tag{2-70}$$

根据文献(Rong and Shi，2015)可知：

$$p_{xx}=p-2\eta\frac{\partial u_x'}{\partial x}\tag{2-71}$$

$$\tau_{yx}=\eta\left(\frac{\partial u_y'}{\partial x}+\frac{\partial u_x'}{\partial y}\right)\tag{2-72}$$

$$\tau_{zx}=\eta\left(\frac{\partial u_x{}'}{\partial z}+\frac{\partial u_z{}'}{\partial x}\right)\tag{2-73}$$

式中，u_y' 为流体在 y 方向的真实流速（LT^{-1}）；u_z' 为流体在 z 方向的真实流速（LT^{-1}）；η为流体的动力黏滞系数（$ML^{-1}T^{-1}$）。

把式(2-71)～式(2-73)代入式(2-70)，整理得

$$\begin{aligned}&\rho f_x-\frac{\partial p}{\partial x}+\eta\left(\frac{\partial^2 u_x{}'}{\partial x^2}+\frac{\partial^2 u_x{}'}{\partial y^2}+\frac{\partial^2 u_x{}'}{\partial z^2}\right)\\&+\eta\frac{\partial}{\partial x}\left(\frac{\partial u_x{}'}{\partial x}+\frac{\partial u_x{}'}{\partial y}+\frac{\partial u_x{}'}{\partial z}\right)=\rho\frac{\mathrm{d}u_x{}'}{\mathrm{d}t}\end{aligned}\tag{2-74}$$

已假定流体不可压缩，在此写出连续性方程：

$$\frac{\partial u_x{}'}{\partial x}+\frac{\partial u_y{}'}{\partial y}+\frac{\partial u_z{}'}{\partial z}=0\tag{2-75}$$

由于流速随时间、空间变化，式(2-74)的右侧项可展开为

$$\rho\frac{\mathrm{d}u_x{}'}{\mathrm{d}t}=\rho\frac{\partial u_x{}'}{\partial t}+\rho\left(u_x{}'\frac{\partial u_x{}'}{\partial x}+u_y{}'\frac{\partial u_x{}'}{\partial y}+u_z{}'\frac{\partial u_x{}'}{\partial z}\right)\tag{2-76}$$

将式(2-75)和式(2-76)代入式(2-74)，化简得

$$\begin{aligned}&\rho f_x-\frac{\partial p}{\partial x}+\eta\left(\frac{\partial^2 u_x{}'}{\partial x^2}+\frac{\partial^2 u_x{}'}{\partial y^2}+\frac{\partial^2 u_x{}'}{\partial z^2}\right)\\&=\rho\frac{\partial u_x{}'}{\partial t}+\rho\left(u_x{}'\frac{\partial u_x{}'}{\partial x}+u_y{}'\frac{\partial u_x{}'}{\partial y}+u_z{}'\frac{\partial u_x{}'}{\partial z}\right)\end{aligned}\tag{2-77}$$

同理，可以得到流体沿 y 方向的运动方程：

$$\begin{aligned}&\rho f_y-\frac{\partial p}{\partial y}+\eta\left(\frac{\partial^2 u_y{}'}{\partial x^2}+\frac{\partial^2 u_y{}'}{\partial y^2}+\frac{\partial^2 u_y{}'}{\partial z^2}\right)\\&=\rho\frac{\partial u_y{}'}{\partial t}+\rho\left(u_x{}'\frac{\partial u_y{}'}{\partial x}+u_y{}'\frac{\partial u_y{}'}{\partial y}+u_z{}'\frac{\partial u_y{}'}{\partial z}\right)\end{aligned}\tag{2-78}$$

同理，可以得到流体沿 z 方向的运动方程：

$$\begin{aligned}&\rho f_z-\frac{\partial p}{\partial z}+\eta\left(\frac{\partial^2 u_z'}{\partial x^2}+\frac{\partial^2 u_z'}{\partial y^2}+\frac{\partial^2 u_z'}{\partial z^2}\right)\\&=\rho\frac{\partial u_z'}{\partial t}+\rho\left(u_x'\frac{\partial u_z'}{\partial x}+u_y'\frac{\partial u_z'}{\partial y}+u_z'\frac{\partial u_z'}{\partial z}\right)\end{aligned}\tag{2-79}$$

在此仅考虑流体为恒定流，则流速 u_x'、u_y'、u_z' 关于时间 t 的偏导均为 0，即 $\partial u_x'/\partial t=0$、$\partial u_y'/\partial t=0$、$\partial u_z'/\partial t=0$。

于是，对于不可压缩流体，式(2-77)～式(2-79)可用张量形式表示：

$$\rho\boldsymbol{f}-\nabla\boldsymbol{p}+\eta\nabla^2\boldsymbol{u}=\rho(\boldsymbol{u}\cdot\nabla)\boldsymbol{u}\tag{2-80}$$

式中，$\boldsymbol{f}$、$\boldsymbol{p}$ 和 $\boldsymbol{u}$ 分别表示流体惯性力、压强和流速的张量形式；∇为 Hamilton 算子。

2.6　基于 B-D 方程对 Darcy 渗透试验的讨论

在无限均匀岩土体多孔介质体中截取一微元圆柱体，对渗流进行受力分析。Darcy 定律中认为渗流流速处处相等。但是开展 Darcy 渗透试验时，由于边界条件的约束，试样中的渗流在边界上的流速为 0，在圆柱体中心处的流速最大，流速分布如图 2-8 所示。在此，对 Darcy 试验渗透系数表达式推导介绍如下。

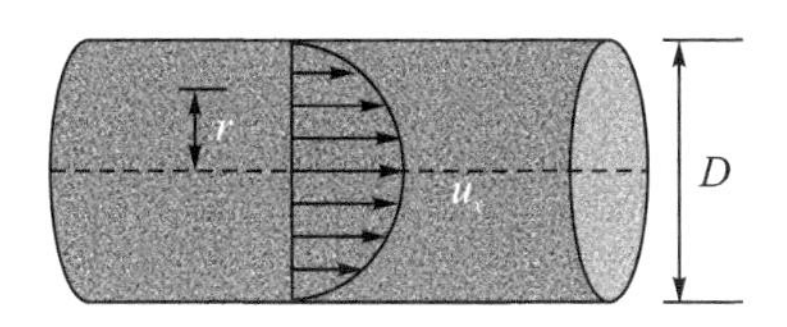

图 2-8　Darcy 渗透试验流速分布示意图

在此，写连续性方程为

$$\frac{\partial u_x}{\partial x}+\frac{\partial u_y}{\partial y}+\frac{\partial u_z}{\partial z}=0\tag{2-81}$$

在此，写 B-D 方程为

$$\begin{aligned}&-n\frac{\partial p}{\partial x}+\eta_{\mathrm{w}}\left(\frac{\partial^2 u_x}{\partial x^2}+\frac{\partial^2 u_x}{\partial y^2}+\frac{\partial^2 u_x}{\partial z^2}\right)-n\frac{\eta_{\mathrm{w}}}{k}u_x\\&=\frac{\rho}{n}\left(u_x\frac{\partial u_x}{\partial x}+u_y\frac{\partial u_x}{\partial y}+u_z\frac{\partial u_x}{\partial z}\right)\end{aligned}\tag{2-82}$$

因为 $u_y = u_z = 0$，则有$\partial u_y/\partial y = 0$ 和$\partial u_z/\partial z = 0$，代入式(2-81)，则$\partial u_x/\partial x = 0$。于是式(2-82)转化为

$$-n\frac{\partial p}{\partial x}+\eta_{\mathrm{w}}\left(\frac{\partial^2 u_x}{\partial y^2}+\frac{\partial^2 u_x}{\partial z^2}\right)-n\frac{\eta_{\mathrm{w}}}{k}u_x=0 \tag{2-83}$$

沿 x 方向有

$$\frac{\partial p}{\partial x}=-\frac{\Delta p}{L} \tag{2-84}$$

则采用圆柱坐标系来表示式(2-83)得

$$\frac{\mathrm{d}^2 u_x}{\mathrm{d}r^2}+\frac{1}{r}\cdot\frac{\mathrm{d}u_x}{\mathrm{d}r}-\frac{n}{k}u_x+\frac{\Delta pn}{L\eta_{\mathrm{w}}}=0 \tag{2-85}$$

求解式(2-85)得

$$u_x=C_1\mathrm{Bessel_J}\left(0,\sqrt{-\frac{n}{k}}r\right)+C_2\mathrm{Bessel_Y}\left(0,\sqrt{-\frac{n}{k}}r\right)+\frac{\Delta pk}{L\eta_{\mathrm{w}}} \tag{2-86}$$

式中，C_1、C_2为待求系数；$\mathrm{Bessel_J}$为 n 阶修正贝塞尔函数(Bessel function)的第一类($n=0, 1$)；$\mathrm{Bessel_Y}$为 n 阶修正贝塞尔函数的第二类($n=0, 1$)。

引入边界条件：$r = 0$ 时，$\mathrm{d}u_x/\mathrm{d}r = 0$；$r = D/2$ 时，$u_x = 0$。代入式(2-86)求出 C_1、C_2后，得到 u_x 的表达式：

$$u_x=\left[1-\sum_{m=0}^{\infty}\frac{\left(\frac{n}{4k}\right)^m r^{2m}}{(m!)^2}\Bigg/\sum_{m=0}^{\infty}\frac{\left(\frac{n}{16k}D^2\right)^m}{(m!)^2}\right]\cdot\frac{\Delta pk}{L\eta_{\mathrm{w}}} \tag{2-87}$$

平均流速计算如下：

$$\overline{u}_x=\frac{\int u_x\mathrm{d}A}{A} \tag{2-88}$$

将式(2-87)代入式(2-88)得

$$\overline{u}_x=\left[1-\sum_{m=0}^{\infty}\frac{\left(\frac{n}{4k}\right)^m\left(\frac{D}{2}\right)^{2m}}{(m!)^2(2m+2)}\Bigg/\sum_{m=0}^{\infty}\frac{\left(\frac{n}{16k}D^2\right)^m}{(m!)^2}\right]\cdot\frac{\Delta pk}{L\eta_{\mathrm{w}}} \tag{2-89}$$

对比 Darcy 定律，求得基于 B-D 方程的渗透系数 k 表达式：

$$k=(1-X)k_{\mathrm{D}} \tag{2-90}$$

式中，k 为基于 B-D 方程的渗透系数；k_D 为基于 Darcy 定律的渗透系数；X 为系数，表达如下：

$$X = 1 - \sum_{m=0}^{\infty} \frac{\left(\frac{n}{4k}\right)^m \left(\frac{D}{2}\right)^{2m}}{(m!)^2(2m+2)} \Bigg/ \sum_{m=0}^{\infty} \frac{\left(\frac{n}{16k}D^2\right)^m}{(m!)^2} \tag{2-91}$$

从式(2-91)可以看出，用 Darcy 试验测得的渗透系数 k_D 和天然岩土体实际的渗透系数 k 是不同的。试验测得的渗透系数不仅与土体本身的性质有关，还与试验仪器的尺寸有关。但是因为式(2-90)对应的 X 值很小，可以忽略不计，据此认为室内 Darcy 试验测得的渗透系数就是天然岩土体的渗透系数。

2.7　嵌入不透水球体复合多孔介质流场分析

2.7.1　理论模型

土体中往往存在嵌入卵石等情况，这些卵石类似于不透水球体，对土体的渗透有较大影响。据此概化出嵌入不透水球体复合多孔介质渗流模型，求解饱和传导区中嵌入不透水球体渗流场，并得出等效的渗透系数。

对于各类球体流体的绕流问题，学者们进行了大量深入而卓有成效的研究。Deo 和 Datta(2002，2003)、Deo 和 Shukla(2009)对长椭球的滑流(slip flow)与 Stokes 流问题进行分析，并计算得出梅塔-莫尔斯(Mehta-Morse)边界条件下扁椭球所受拖曳力。Jaiswal 和 Gupta(2015)研究了 Newton 流体绕流特殊球体问题，此球体含有可渗透的外壳，内部充满非 Newton 流体，通过吻合各边界条件和无穷远流速均匀条件，求解出流量函数。Srivastava 和 Srivastava(2005)对低速不可压缩流体渗流与绕流球体问题进行研究，通过对流场分区分别采用 Brinkman 方程、Stokes 解、Oseen 解控制，求解出流场的速度与压力分布以及球体所受拖曳力。Yadav 和 Deo(2012)分析了嵌入畸形球体复合多孔介质渗流问题；Grosan 等(2009)基于 Brinkman 模型，以嵌入球体复合多孔介质为研究对象，分析研究了二维稳态不可压缩流体下此复合介质的渗流，得到了渗流场的半解析解。

如图 2-9 所示，在球坐标系下建立分析模型。因为球体是对称体，所以流动边界条件也同样对称，所以选取球体沿对称轴的剖面来进行分析。图 2-9 中的渗流方向为垂直向下，将坐标原点置于球体球心，球坐标系中 $\alpha = 0$ 所指方向与垂向重合，α 方向分量正向为逆时针增大方向。

为了简化计算，对嵌入不透水球体复合多孔介质渗流问题，做出如下假设：

(1)水流不可压缩。

(2) 水流绕球体为定常对称流动。
(3) 多孔介质各向同性。
(4) 水流的动力黏度为常数。
(5) 渗流为饱和渗流。
(6) 渗流雷诺数 $Re=2V_{\infty}\rho a/\eta << 1$，为小雷诺数低速流动，$a$ 为球体直径。

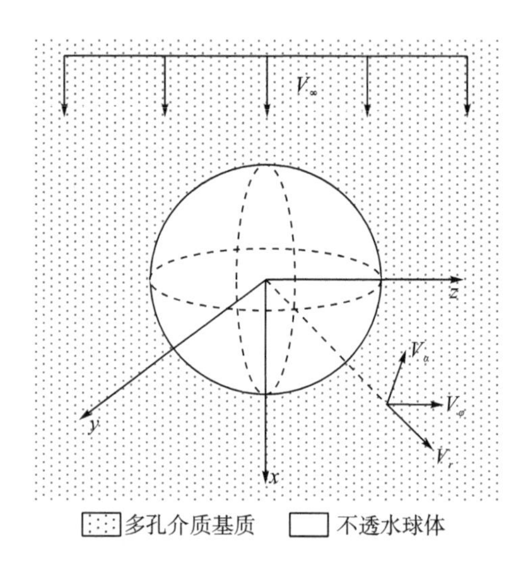

图 2-9 嵌入不透水球体复合介质分析模型

2.7.2 极坐标下渗流运动方程

因为渗流场的边界条件为轴对称，所以渗流场同样呈对称分布，则有

$$\begin{cases} v_r = v_r(r,\alpha) \\ v_\alpha = v_\alpha(r,\alpha) \\ v_\varphi = 0 \\ p = p(r,\alpha) \end{cases} \tag{2-92}$$

式中，v_r、v_α、v_φ分别为渗流流速 r 方向(径向)、α 方向(俯仰角方向)和水平面上的分量(LT^{-1})；p 为压强($ML^{-1}T^{-2}$)。

不可压缩流体连续性方程在球坐标系中的表达式为

$$\frac{\partial}{\partial r}(v_r r^2 \sin\alpha) + \frac{\partial}{\partial \alpha}(v_\alpha \sin\alpha) + \frac{\partial}{\partial \varphi}(r v_\varphi) = 0 \tag{2-93}$$

将式(2-92)代入式(2-93)得到球坐标系下此复合介质渗流的连续性方程：

$$\frac{\partial v_r}{\partial r} + \frac{1}{r}\cdot\frac{\partial v_\alpha}{\partial \alpha} + \frac{2v_r}{r} + \frac{v_\alpha \cot\alpha}{r} = 0 \tag{2-94}$$

多孔介质的渗流运动用 B-D 方程描述。B-D 方程在直角坐标系下表达为

$$\frac{\rho}{n^*}(\boldsymbol{v}\cdot\nabla)\boldsymbol{v}=n^*\rho f-n^*\nabla p+\eta\nabla^2\boldsymbol{v}-\frac{n^*\eta}{k^*}\boldsymbol{v} \tag{2-95}$$

式中，k^*为复合多孔介质的渗透率(L^2)；n^*为复合多孔介质的孔隙率(无量纲)；η为渗流流体的动力黏滞系数($ML^{-1}T^{-1}$)；ρ 为渗流流体密度(ML^{-3})；p 为流体压强($ML^{-1}T^{-2}$)；f为惯性力、重力(MLT^{-2})；$\boldsymbol{v}$ 为渗流流体在 x、y、z 三个坐标轴方向的渗流速度矢量(LT^{-1})；$(\boldsymbol{v}\cdot\nabla)$为迁移导数；$\nabla$为 Hamilton 算子，表示矢量对各个方向一阶偏导并求和。

参照林鑫等(2006)的研究求解式(2-95)在球坐标系中的表达。于是，得到 r 方向和 α 方向不可压缩流体的运动微分方程：

$$\begin{aligned}\rho\left(\frac{\mathrm{d}v_r}{\mathrm{d}t}-\frac{{v_\alpha}^2+{v_\varphi}^2}{r}\right)=\rho f_r-\frac{\partial p}{\partial r}+\frac{\eta}{k^*}v_r\\ +\eta\left[\nabla^2 v_r-\frac{2v_r}{r^2}-\frac{2}{r^2\sin\alpha}\frac{\partial(v_\alpha\sin\alpha)}{\partial\alpha}-\frac{2}{r^2\sin\alpha}\frac{\partial v_\varphi}{\partial\varphi}\right]\end{aligned} \tag{2-96}$$

$$\begin{aligned}\rho\left(\frac{\mathrm{d}v_\alpha}{\mathrm{d}t}+\frac{v_r v_\alpha}{r}-\frac{{v_\varphi}^2\cot\alpha}{r}\right)=\rho f_\alpha-\frac{1}{r}\frac{\partial p}{\partial\alpha}+\frac{\eta}{k^*}v_\alpha\\ +\eta\left(\nabla^2 v_\alpha+\frac{2}{r^2}\frac{\partial v_r}{\partial v_\alpha}-\frac{v_\alpha}{r^2\sin\alpha}-\frac{2}{r^2\sin^2\alpha}\frac{\partial v_\varphi}{\partial\varphi}\right)\end{aligned} \tag{2-97}$$

式中，f_r和f_α分别为重力在 r 方向和 α 方向的分量，且$f_r=\rho g\cos\alpha$、$f_\alpha=-\rho g\sin\alpha$；$\nabla^2$为拉普拉斯(Laplace)算子，表示矢量对各个方向二阶偏导并求和。

关于低雷诺数流体绕球体流动问题，Stokes 认为可忽略流体的惯性力项。Oseen 对 Stokes 所忽略的惯性力项进行分析，发现考虑惯性力所得的 Oseen 解与 Stokes 得到的经典解在球体附近区域差距很小(林建忠等，2013)。因此，为简化计算，忽略式(2-96)和式(2-97)的惯性力项。因为水的动力黏度很小，所以可忽略式(2-96)和式(2-97)的黏性力项。于是，得到嵌入不透水球体复合多孔介质的渗流运动微分方程：

$$\rho g\cos\alpha-\frac{\mathrm{d}p}{\mathrm{d}r}-\frac{\eta}{k^*}v_r=0 \tag{2-98}$$

$$\rho g\sin\alpha+\frac{1}{r}\frac{\mathrm{d}p}{\mathrm{d}\alpha}+\frac{\eta}{k^*}v_\alpha=0 \tag{2-99}$$

2.7.3　渗流场求解

边界条件有球面无滑移条件和无穷远处均匀流条件。对于球面无滑移条件，有：当 $r=a$ 时，渗流在径向和俯仰角方向的速度分量为 0，即：

$$v_r=v_\alpha=0 \tag{2-100}$$

无穷远处均匀流条件，有：当 r 趋于无穷大时，流场压强趋于一个常数 p_∞。将 $p=p_\infty$ 代入式(2-98)和式(2-99)，可以得出：

$$\begin{cases} v_r = v_\infty \cos\alpha \\ v_\alpha = -v_\infty \sin\alpha \end{cases} \tag{2-101}$$

式中，$v_\infty=\rho g k^*/\eta$。

对以上边值问题采用分离变量法进行求解。根据边界条件形式，可以推断式(2-98)和式(2-99)解的形式应为

$$\begin{cases} v_r = f(r)F(\alpha) \\ v_\alpha = j(r)J(\alpha) \\ p = h(r)H(\alpha) + p_\infty \end{cases} \tag{2-102}$$

根据边界条件，为满足式(2-98)和式(2-99)，可令

$$\begin{cases} F(\alpha) = \cos\alpha \\ J(\alpha) = -\sin\alpha \end{cases} \tag{2-103}$$

将式(2-103)代入式(2-102)有

$$\begin{cases} v_r = f(r)\cos\alpha \\ v_\alpha = -j(r)\sin\alpha \end{cases} \tag{2-104}$$

可得出函数 $f(r)$、$j(r)$ 和 $h(r)$ 的边界条件为

$$\begin{cases} f(a) = j(a) = 0 \\ f(\infty) = j(\infty) = v_\infty \\ h(\infty) = 0 \end{cases} \tag{2-105}$$

将式(2-105)代入式(2-94)、式(2-98)和式(2-99)可得

$$\cos\alpha\left\{ f'(r) + \frac{2}{r}[f(r) - j(r)] \right\} = 0 \tag{2-106}$$

$$\rho g\cos\alpha - H(\alpha)h'r - \frac{\eta}{k^*}f(r)\cos\alpha = 0 \tag{2-107}$$

$$\rho g\sin\alpha + \frac{1}{r}h(r)H'(\alpha) - \frac{\eta}{k^*}j(r)\sin\alpha = 0 \tag{2-108}$$

由式(2-106)～式(2-108)可以推断出 $H(\alpha)=\cos\alpha$，并得到以下的常微分方程组：

$$\begin{cases} f'(r) + \dfrac{2}{r}[f(r) - j(r)] = 0 \\ h'(r) = \rho g - \dfrac{\eta}{k^*}f(r) \\ h(r) = -\dfrac{\eta}{k^*}j(r)r + \rho g r \end{cases} \tag{2-109}$$

求解式(2-109)得到 $f(r)$ 的常微分方程：

$$f''(r)+\frac{4}{r}f'(r)=0 \tag{2-110}$$

解得式(2-110)常微分方程的通解为

$$f(r)=\frac{C_1}{r^3}+C_2 \tag{2-111}$$

将式(2-101)代入式(2-111)可得

$$\begin{cases}C_2=v_\infty\\ C_1=-a^3v_\infty\end{cases} \tag{2-112}$$

将式(2-112)代入式(2-111)得出函数 $f(r)$ 的表达式：

$$f(r)=v_\infty\left(1-\frac{a^3}{r^3}\right) \tag{2-113}$$

将式(2-113)代入式(2-109)可得函数 $j(r)$ 的表达式：

$$j(r)=v_\infty\left(1+\frac{a^3}{2r^3}\right) \tag{2-114}$$

将式(2-114)代入式(2-109)，并利用边界条件 $h(\infty)=0$ 得出 $h(r)$ 的表达式：

$$h(r)=-\frac{\rho g a^3}{2r^2} \tag{2-115}$$

利用式(2-113)～式(2-115)，结合 $H(\theta)=\cos\theta$，代入式(2-102)、式(2-104)，可得出地下水在复合介质中渗流场的解析解：

$$\begin{cases}v_r=v_\infty\cos\alpha\left(1-\frac{a^3}{r^3}\right)=\frac{\rho g k^*\cos\alpha}{\eta}\left(1-\frac{a^3}{r^3}\right)\\ v_\alpha=-v_\infty\sin\alpha\left(1+\frac{a^3}{2r^3}\right)=\frac{\rho g k^*\cos\alpha}{\eta}\left(1+\frac{a^3}{2r^3}\right)\\ p=-\frac{\rho g a^3}{2r^2}\cos\alpha+p_\infty\end{cases} \tag{2-116}$$

2.7.4　渗透性分析

选取一个高为 $2h$、底面半径为 l 的圆柱单元进行分析。将一个半径为 a 的不透水球体嵌入圆柱中心，渗流方向在无穷远处为竖直向下，如图 2-10 所示。沿竖直方向将渗流速度进行分解，并将渗流速度在空间积分来求解竖向平均流速。由于渗流场与球体均对称，且流场不存在 φ 方向(环向)的分量，故对 1/4 球体取平面进行分析。

将速度分量 v_r 和 v_θ 投影至 $\alpha=0$ 方向，求得竖直向下的速度 u：

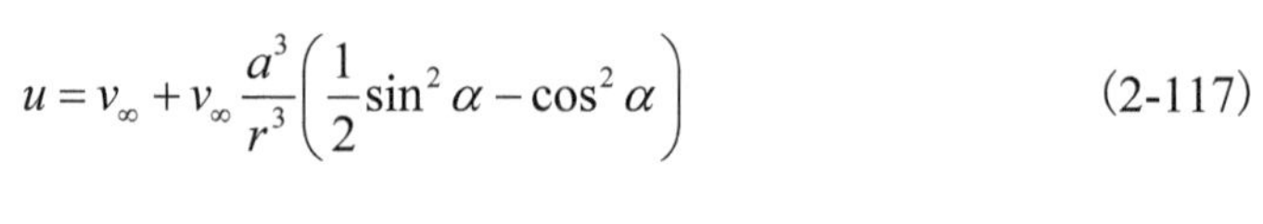

$$u = v_\infty + v_\infty \frac{a^3}{r^3}\left(\frac{1}{2}\sin^2\alpha - \cos^2\alpha\right) \tag{2-117}$$

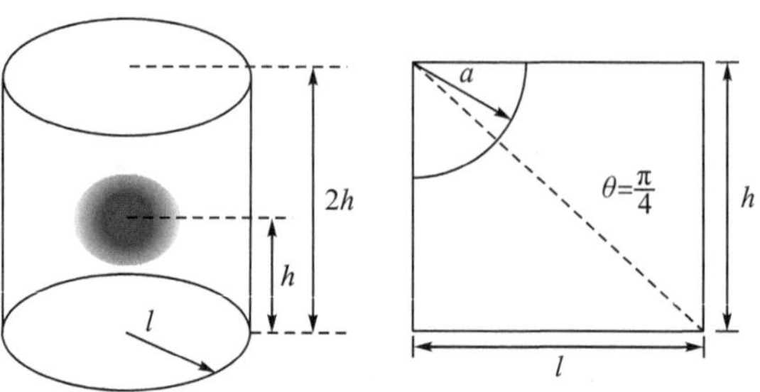

图 2-10 嵌有不透水球体复合介质圆柱单元

对圆柱单元中的竖向流速 u 在空间积分并平均，求得竖向 Darcy 流速。因为渗流场与圆柱单元均关于过球心的平面对称，所以将 u 在平面上积分并平均可得 Darcy 流平均流速：

$$\begin{aligned} v &= \frac{\int_A u\mathrm{d}A}{lh} \\ &= \frac{1}{lh}\left(\int_0^{\frac{\pi}{4}}\int_a^{\frac{l}{\cos\alpha}} ur\mathrm{d}r\mathrm{d}\alpha + \int_{\frac{\pi}{4}}^{\frac{\pi}{2}}\int_a^{\frac{h}{\sin\alpha}} ur\mathrm{d}r\mathrm{d}\alpha\right) \end{aligned} \tag{2-118}$$

将式(2-117)代入式(2-118)得到圆柱单元的竖向平均流速为

$$v = v_\infty\left[\frac{4(h^2+l^2)-3\pi a^2}{8hl} + \frac{(3\sqrt{2}h-\sqrt{2}l)a^2}{8h^2 l}\right] \tag{2-119}$$

根据 Darcy 定律，对于远离球体位置：

$$v_\infty = ki \tag{2-120}$$

将式(2-120)代入(2-119)得

$$v = \left[\frac{4(h^2+l^2)-3\pi a^2}{8hl} + \frac{(3\sqrt{2}h-\sqrt{2}l)a^2}{8h^2 l}\right]ki \tag{2-121}$$

将式(2-121)与 Darcy 定律对比，可以得出嵌入不透水球体复合多孔介质的渗透系数为

$$k_{\mathrm{E}} = \left[\frac{4(h^2+l^2)-3\pi a^2}{8hl} + \frac{(3\sqrt{2}h-\sqrt{2}l)a^2}{8h^2 l}\right]k \tag{2-122}$$

当多孔介质尺寸无限大，即 $l\to\infty$、$h\to\infty$时，此时不透水球体对多孔介质渗流的影响忽略不计，等效渗透系数近似等于多孔介质基质的渗透系数。由式(2-122)有 $l\to\infty$，$h\to\infty$，$k_{\mathrm{E}}\to k$，这在一定程度上验证了嵌入不透水球体多孔介质渗透系数的正确性。

当 l=h 时，有

$$k_{\mathrm{E}}=\left(1-\frac{3\pi a^{2}}{8l^{2}}+\frac{\sqrt{2}a^{3}}{4l^{3}}\right)k \tag{2-123}$$

球体与多孔介质的相对尺寸是影响复合介质等效渗透系数的最主要因素。由表2-1可以看出，当$l=6a$时等效渗透系数与多孔介质基质的渗透系数比值为0.97，此时因为不透水球体的存在而对多孔介质渗透性的影响已经很小了。

表 2-1　复合多孔介质等效渗透系数

l	k_{E}/k
$2a$	0.74
$3a$	0.88
$4a$	0.93
$5a$	0.96
$6a$	0.97

2.7.5　试验验证

根据《土工试验方法标准》(GB/T 50123—2019)进行试验，试验装置如图 2-11 所示。试验装置的主体部分是有机玻璃制成的上端开口直立圆筒，然后将碎石放在圆筒下部作为垫层，并将一块多孔滤板固定在碎石上，最后将级配良好的粗砂放置在滤板上，将不透水球体放置在试样中央。圆筒的侧壁装有两支测压管，分别位于土样的过水断面处。从上端进水管将水注入圆筒，并利用溢水管保持筒内水位恒定。渗流从圆筒下方装有控制阀门的弯管流入量筒。

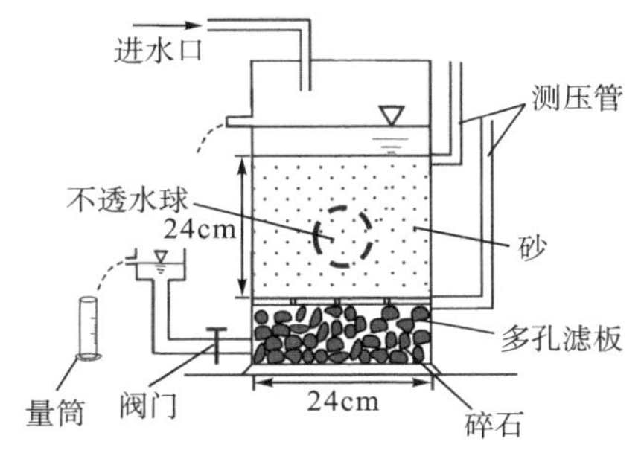

图 2-11　嵌入不透水球体复合介质渗流试验装置

待渗流稳定时，进行测量。记录开始时的时间 t_1 和右侧的测压管水头高度 h_1、h_2，结束时的时间 t_2 和量筒中的水量 Q。根据式(2-124)求得渗透系数 k_1，试验结果见表 2-2。其中不透水球体直径为 0 表示没有填充球体，所测渗透系数为多孔介质基质渗透系数。

$$k_1 = \frac{QL'}{S(t_2 - t_1)\Delta h} \tag{2-124}$$

式中，Q 为流经圆柱单元的水量(cm^3)；L'为圆柱单元渗径长度(cm)；S 为圆柱单元截面积(cm^2)；Δh 为圆柱单元两端水头差(cm)。

表 2-2 试验结果

试验序号	不透水球体半径 a/cm	圆柱单元渗径长度 L'/cm	圆柱单元截面积 S/cm^2	两端水头差 Δh/cm	流经圆柱单元的水量 Q/cm^3	试验时段 t/s	渗透系数 k_1/(cm/s)	平均渗透系数 k_{a1}/(cm/s)
1	0	24	452	24	460	35	2.91×10^{-2}	
2	0	24	452	26	870	69	2.57×10^{-2}	2.68×10^{-2}
3	0	24	452	21	755	75	2.55×10^{-2}	
4	4	24	452	23	456	45	2.34×10^{-2}	
5	4	24	452	21	330	37	2.26×10^{-2}	2.30×10^{-2}
6	4	24	452	22	562	59	2.30×10^{-2}	
7	6	24	452	26	412	46	1.83×10^{-2}	
8	6	24	452	25	588	65	1.92×10^{-2}	1.88×10^{-2}
9	6	24	452	28	386	39	1.88×10^{-2}	
10	8	24	452	26	358	49	1.49×10^{-2}	
11	8	24	452	25	222	33	1.43×10^{-2}	1.45×10^{-2}
12	8	24	452	23	372	60	1.43×10^{-2}	

事先开展多孔介质的 Darcy 渗透试验，可以得到多孔介质本身的渗透系数。将多孔介质基质的渗透系数 $k = 2.68\times10^{-2}$cm/s 和不透水球体半径分别代入式(2-123)得理论推求的等效渗透系数。理论与试验结果对比见表 2-3。

表 2-3 理论与试验结果对比

试验组号	球体半径 a/cm	推求渗透系数 k_{b1}/(cm/s)	试验渗透系数 k_{a1}/(cm/s)
1	0	2.67×10^{-2}	2.67×10^{-2}
2	4	2.35×10^{-2}	2.30×10^{-2}
3	6	1.98×10^{-2}	1.88×10^{-2}
4	8	1.55×10^{-2}	1.45×10^{-2}

从表 2-3 中可以看出，理论公式计算的等效渗透系数与试验所测的等效渗透系数之间差距较小，基本在同一量级。分析可知，误差主要出现在以下方面：①多孔介质基质的渗透系数可能会因为重新填入不透水球体的时候产生扰动而发生变化；②自制试验仪器的边界为不透水边界，而理论分析时的边界为透水边界，不透水边界可能会对渗流产生影响，从而导致理论值与试验值出现误差。

第3章 岩石基质渗流耦合裂隙自由流

3.1 无充填贯通裂缝流场

对于无充填裂隙岩体渗流特性，学者们做了大量的研究。法国流体学家布西内斯克于1868年提出了Newton流体在光滑平行板缝中的运动学理论，即大家熟知的开口立方定律(Lomize，1951)。该理论应用于实际岩体有关的渗流计算中，假设岩石裂隙壁面平直光滑；壁面为不透水边界，即裂缝所赋存的岩石基质具不透水性。学者们后来的研究都是建立在开口立方定律的基础上，且大多数的研究是针对裂隙开度、裂隙粗糙度、应力对裂缝渗流特性的影响等方面。

本节主要考虑裂缝所赋存的岩石基质为透水介质以及具透水特性的裂缝壁面固体边界对渗流特性的影响，建立周期性无充填贯通裂缝岩体的渗流计算模型，研究无充填贯通裂隙岩体的渗流特性。对于周期性无充填贯通裂缝岩体的渗流计算模型，在此仅选取其中一个裂隙周期分布岩体进行渗流分析，如图3-1所示。建立平面直角坐标系xoy；x方向为裂缝的产出方向，y方向为垂直于裂缝壁面方向。由于天然裂缝多为倾斜产出，故裂缝与水平面间存在交角 θ，即天然裂隙的倾角。

在图3-1所示的模型中，沿x方向岩石和裂缝的长度为L；沿y方向周期裂缝单层岩体厚度为H；岩体裂缝开度为b。沿x方向，岩石基质渗流的流速为w_x，裂缝中纯水体的流速为v_x。岩石基质的渗透率和孔隙率分别为K_1和n_1。

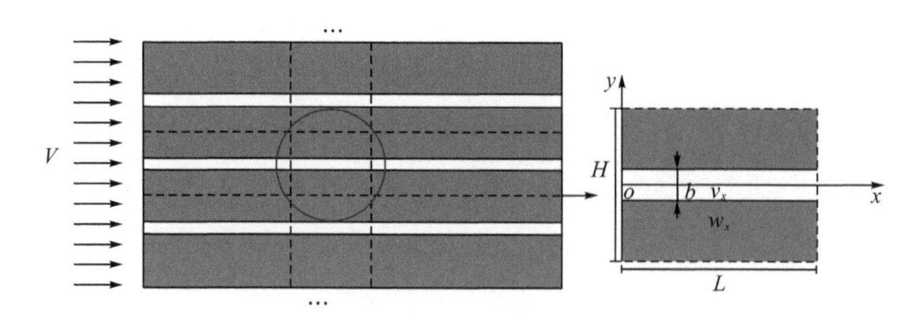

图3-1 无充填裂缝岩体渗透分析计算模型

实际上，岩体多孔介质地下水运动属于三维运动，影响流速的因素较多。为了便于理论分析，做出以下基本假设。

(1) 只考虑沿 x 方向的水流运动。

(2) 沿 x 方向裂缝无限延伸，忽略裂缝两端边界影响。

(3) 裂缝壁面平直，在 y 方向表现为周期性分布。

(4) 裂缝中的纯水流为 Newton 流体，且为充分发展流。

(5) 水流运动为层流，水体不可压缩。

(6) 在界面处满足流速相等、剪应力连续的边界条件。

(7) 岩石基质中的渗透水流和裂缝中的纯水流均满足连续性方程。

岩石基质中的渗流运动用 B-D 方程描述：

$$\rho nf - n\nabla\overline{p} + \eta\nabla^2\overline{u} - n\frac{\eta}{K}\overline{u} = \frac{\rho}{n}(\overline{u}\cdot\nabla)\overline{u} \tag{3-1}$$

式中，$\overline{u}$ 为岩石基质的渗流流速 (LT^{-1})；$\overline{p}$ 为水流压强 ($ML^{-1}T^{-2}$)；η为水的动力黏滞系数 ($ML^{-1}T^{-1}$)；ρ为水的密度 (ML^{-3})；n 为岩石基质的孔隙率 (无量纲)；f 为水流惯性力 (MLT^{-2})；K 为岩石基质的渗透率 (L^2)；∇为 Hamilton 算子。

裂缝中纯水流的运动用 N-S 方程描述：

$$\rho f - \nabla\overline{p} + \eta\nabla^2\overline{v} = \rho(\overline{v}\cdot\nabla)\overline{v} \tag{3-2}$$

式中，$\overline{v}$ 为裂缝中纯水流的流速 (LT^{-1})。

3.1.1　裂缝中纯水流的流速

根据上述基本假设，裂缝中纯水流的运动满足连续性方程和 N-S 方程。在此，写出连续性方程：

$$\frac{\partial v_x}{\partial x} + \frac{\partial v_y}{\partial y} + \frac{\partial v_z}{\partial z} = 0 \tag{3-3}$$

式中，v_x、v_y、v_z 分别表示裂缝中纯水流在 x、y、z 方向的流速 (LT^{-1})。

在 x 方向，式 (3-2) 描述的 N-S 方程可以展开为

$$\rho f_x - \frac{\partial p}{\partial x} + \eta\left(\frac{\partial^2 v_x}{\partial x^2} + \frac{\partial^2 v_x}{\partial y^2} + \frac{\partial^2 v_x}{\partial z^2}\right) = \rho\left(v_x\frac{\partial v_x}{\partial x} + v_y\frac{\partial v_x}{\partial y} + v_z\frac{\partial v_x}{\partial z}\right) \tag{3-4}$$

由于裂缝中纯水体沿 y、z 方向的流速 v_y、v_z 均为 0，即

$$v_y = v_z = 0 \tag{3-5}$$

于是有

$$\frac{\partial v_y}{\partial y} = \frac{\partial v_z}{\partial z} = 0 \tag{3-6}$$

将式 (3-6) 代入式 (3-3) 可得

$$\frac{\partial v_x}{\partial x}=0 \tag{3-7}$$

x 方向的流速 v_x 在 z 方向不发生变化，即

$$\frac{\partial v_x}{\partial z}=0 \tag{3-8}$$

在 x 方向，水流惯性力分量 f_x 的计算：

$$f_x = g\sin\theta \tag{3-9}$$

在 x 方向，沿长度 L 压强的变化可写为

$$\frac{\partial p}{\partial x}=\frac{\mathrm{d}p}{\mathrm{d}x}=\frac{\Delta p}{L} \tag{3-10}$$

式中，Δp 为单元体两端的水压差($\mathrm{ML^{-1}T^{-2}}$)；L 为沿水流路径方向的长度(L)。

根据式(3-5)～式(3-10)等条件，可化简式(3-4)为

$$\eta\frac{\mathrm{d}^2 v_x}{\mathrm{d}y^2}+\frac{\Delta p}{L}+\gamma_{\mathrm{w}}\sin\theta=0 \tag{3-11}$$

式中，γ_{w} 为水的容重，且 $\gamma_{\mathrm{w}}=\rho g$。

求解式(3-11)的常微分方程，可得

$$v_x=-\frac{\Delta p+\gamma_{\mathrm{w}}L\sin\theta}{2L\eta}y^2+A_1y+A_2 \tag{3-12}$$

式中，A_1 和 A_2 为待求系数。

3.1.2 岩石基质中渗流的流速

根据前述基本假设，岩石基质渗流运动满足连续性方程和 B-D 方程。在此，写出连续性方程：

$$\frac{\partial w_x}{\partial x}+\frac{\partial w_y}{\partial y}+\frac{\partial w_z}{\partial z}=0 \tag{3-13}$$

式中，w_x、w_y、w_z 分别表示岩石基质渗流沿 x、y、z 方向上的流速($\mathrm{LT^{-1}}$)。

在 x 方向，式(3-1)可以展开为

$$\begin{aligned}&\rho n_1 f_x-n_1\frac{\eta}{K_1}w_x-n_1\frac{\partial p}{\partial x}+\eta\left(\frac{\partial^2 w_x}{\partial x^2}+\frac{\partial^2 w_x}{\partial y^2}+\frac{\partial^2 w_x}{\partial z^2}\right)\\&=\frac{\rho}{n_1}\left(w_x\frac{\partial w_x}{\partial x}+w_y\frac{\partial w_x}{\partial y}+w_z\frac{\partial w_x}{\partial z}\right)\end{aligned} \tag{3-14}$$

式中，K_1 为岩石基质的渗透率($\mathrm{L^2}$)；n_1 为岩石基质的孔隙率(无量纲)。

参照前述方式，式(3-14)可化简为

$$\frac{\mathrm{d}^2 w_x}{\mathrm{d}y^2}-n_1\frac{w_x}{K_1}+n_1\frac{\Delta p}{\eta L}+n_1\gamma_{\mathrm{w}}\sin\theta=0 \tag{3-15}$$

求解式(3-15)的常微分方程，可得

$$w_x = C_1 e^{y\sqrt{n_1/K_1}} + C_2 e^{-y\sqrt{n_1/K_1}} + \frac{(\Delta p + \gamma_w L\sin\theta)K_1}{\eta L} \tag{3-16}$$

式中，C_1 和 C_2 为待求系数。

3.1.3　边界条件及解析解

求解图 3-1 所示的数学模型，水流运动满足以下条件。

(1) 纯水体在裂缝中间位置的流速 v_x 最大，即当 $y=0$，有

$$\frac{dv_x}{dy} = 0 \tag{3-17}$$

(2) 流固交界面 $y=b/2$ 满足交界面流速相等、剪应力连续边界条件，即

$$v_x = w_x \tag{3-18}$$

$$\frac{1}{n_1}\cdot\frac{dw_x}{dy} = \frac{dv_x}{dy} \tag{3-19}$$

(3) 岩石基质渗流流速 w_x 在 $y=H/2$ 处最小，则有

$$\frac{dw_x}{dy} = 0 \tag{3-20}$$

将上述条件式(3-17)～式(3-20)代入式(3-12)和式(3-15)，得到四元一次方程组。求解方程组可得 A_1、A_2、C_1、C_2，见式(3-21)～式(3-24)：

$$A_1 = 0 \tag{3-21}$$

$$A_2 = \frac{b(\Delta p + \gamma_w L\sin\theta)\sqrt{n_1 K_1}\left[e^{(H-b)\sqrt{n_1/K_1}} + 1\right]}{2L\eta\left[e^{(H-b)\sqrt{n_1/K_1}} - 1\right]} + \frac{b^2(\Delta p + \gamma_w L\sin\theta) + 8K_1(\Delta p + \gamma_w L\sin\theta)}{8L\eta} \tag{3-22}$$

$$C_1 = \frac{b(\Delta p + \gamma_w L\sin\theta)\sqrt{n_1 K_1}}{2L\eta\left\{e^{[H-(b/2)]\sqrt{n_1/K_1}} - e^{(b/2)\sqrt{n_1/K_1}}\right\}} \tag{3-23}$$

$$C_2 = \frac{b(\Delta p + \gamma_w L\sin\theta)\sqrt{n_1 K_1}\, e^{H\sqrt{n_1/K_1}}}{2L\eta\left\{e^{[H-(b/2)]\sqrt{n_1/K_1}} - e^{(b/2)\sqrt{n_1/K_1}}\right\}} \tag{3-24}$$

将式(3-21)和式(3-22)代入式(3-12)，则得到裂缝中纯水流的流速表达式：

$$v_x = -\frac{(\Delta p + \gamma_w L\sin\theta)}{2\eta L}y^2 + \frac{b(\Delta p + \gamma_w L\sin\theta)\sqrt{n_1 K_1}\left[e^{(H-b)\sqrt{n_1/K_1}} + 1\right]}{2L\eta\left[e^{(H-b)\sqrt{n/K}} - 1\right]} + \frac{b^2(\Delta p + \gamma_w L\sin\theta) + 8K_1(\Delta p + \gamma_w L\sin\theta)}{8L\eta} \tag{3-25}$$

将式(3-23)和式(3-24)代入式(3-16)，则得到岩石基质渗流的流速表达式：

$$w_x = \frac{b(\Delta p + \gamma_w L\sin\theta)\sqrt{n_1 K_1}\left[\mathrm{e}^{y\sqrt{n_1/K_1}} + \mathrm{e}^{(H-y)\sqrt{n_1/K_1}}\right]}{2L\eta\left\{\mathrm{e}^{[H-(b/2)]\sqrt{n_1/K_1}} - \mathrm{e}^{(b/2)\sqrt{n_1/K_1}}\right\}} + \frac{(\Delta p + \gamma_w L\sin\theta)K_1}{\eta L} \tag{3-26}$$

假设裂隙岩体处于水平状，即裂隙倾角$\theta = 0°$。此时分别对应式(3-25)裂缝中纯水流的流速、式(3-26)岩石基质渗流的流速，则可以简化为

$$v_x = -\frac{\Delta p}{2\eta L}y^2 + \frac{\Delta pb\sqrt{n_1 K_1}\left[\mathrm{e}^{(H-b)\sqrt{n_1/K_1}} + 1\right]}{2L\eta\left[\mathrm{e}^{(H-b)\sqrt{n/K}} - 1\right]} + \frac{\Delta pb^2 + 8\Delta pK_1}{8L\eta} \tag{3-27}$$

$$w_x = \frac{\Delta pb\sqrt{n_1 K_1}\left[\mathrm{e}^{y\sqrt{n_1/K_1}} + \mathrm{e}^{(H-y)\sqrt{n_1/K_1}}\right]}{2L\eta\left\{\mathrm{e}^{[H-(b/2)]\sqrt{n_1/K_1}} - \mathrm{e}^{(b/2)\sqrt{n_1/K_1}}\right\}} + \frac{\Delta pK_1}{\eta L} \tag{3-28}$$

3.1.4 等效渗透系数分析

在x方向，裂隙岩体的平均流速$\overline{v}_x$可按积分方式计算：

$$\overline{v}_x = \frac{\int_0^{b/2} v_x \mathrm{d}y + \int_{b/2}^{H/2} w_x \mathrm{d}y}{H/2} \tag{3-29}$$

式中，$\overline{v}_x$为裂隙岩体的平均流速(LT^{-1})；v_x为裂隙中纯水流的流速(LT^{-1})；w_x为岩石基质渗流的流速(LT^{-1})；b为裂缝宽度(L)；H为岩石单层厚度(L)。

于是参照Darcy定律，可以写出无充填裂隙岩体的等效渗透系数：

$$k_n = \frac{\overline{v}_x}{i} \tag{3-30}$$

式中，k_n为岩体等效渗透系数；i为水力坡度，$i = \Delta h/L$，$\Delta h = \Delta p/\gamma_w$；$\gamma_w$为水的容重。

将式(3-29)代入式(3-30)，可以写出裂隙岩体等效渗透系数的表达式：

$$k_n = \frac{2\gamma_w L}{\Delta pH}\left(\int_0^{b/2} v_x \mathrm{d}y + \int_{b/2}^{H/2} w_x \mathrm{d}y\right) \tag{3-31}$$

将式(3-27)和式(3-28)代入式(3-31)进行积分，化简可得

$$k_n = \frac{\gamma_w}{\eta H}\left\{\frac{b^2\sqrt{n_1 K_1}\left[\mathrm{e}^{(H-b)\sqrt{n_1/K_1}} + 1\right]}{2\left[\mathrm{e}^{(H-b)\sqrt{n_1/K_1}} - 1\right]} + \frac{b^3}{12} + 2K_1 b + K_1(H-b)\right\} \tag{3-32}$$

分析式(3-32)可知，由于$\mathrm{e}^{(H-b)\sqrt{n_1/K_1}}$量级很大，可视为无穷大。据此有

$$\frac{\mathrm{e}^{(H-b)\sqrt{n_1/K_1}} + 1}{\mathrm{e}^{(H-b)\sqrt{n_1/K_1}} - 1} \approx 1 \tag{3-33}$$

利用式(3-33)可将式(3-32)简化为

$$k_n = \frac{\gamma_w}{\eta H}\left[\frac{b^2\sqrt{n_1 K_1}}{2} + \frac{b^3}{12} + 2K_1 b + K_1(H-b)\right] \tag{3-34}$$

裂隙岩体的等级渗透率 K_n 与渗透系数 k_n 之间的关系有

$$K_n = \frac{k_n \eta}{\gamma_w} \tag{3-35}$$

将式(3-34)代入式(3-35)，得到裂隙岩体的等效渗透率 K_n：

$$K_n = \frac{1}{H}\left[\frac{b^3}{12} + K_1(H-b) + 2K_1 b + \frac{b^2\sqrt{n_1 K_1}}{2}\right] \tag{3-36}$$

Arbogast 和 Lehr(2006)分析得到的无充填岩体的等效渗透率 K_A 为

$$K_A = \frac{1}{H}\left[\frac{b^3}{12} + K_1(H-b) + \frac{\sqrt{K_1}}{2\alpha}b^2\right] \tag{3-37}$$

式中，K_A 为无充填岩体的等效渗透率；α为无量纲系数。

对比式(3-36)和式(3-37)可知，无充填裂隙岩体等效渗透率是由裂缝的渗透率 $K_{n,缝}$、岩石基质多孔介质的渗透率 $K_{n,孔}$、固液边界产生的渗透率 $K_{n,边界}$三部分组成。

(1)裂缝的渗透率，可以直接用开口立方定律得到：

$$K_{n,缝} = \frac{b^3}{12H} \tag{3-38}$$

(2)岩石基质多孔介质的渗透率，可由 Darcy 定律直接得到：

$$K_{n,孔} = \frac{K_1(H-b)}{H} \tag{3-39}$$

(3)固液边界产生的渗透率，基于界面处速度相等、剪应力连续的边界条件得到的渗透率见式(3-40)，而 Arbogast 和 Lehr(2006)基于 Beavers-Joseph-Saffman 边界条件得到的渗透率见式(3-41)：

$$K_{n,边界} = \frac{1}{H}\left(2K_1 b + \frac{b^2\sqrt{n_1 K_1}}{2}\right) \tag{3-40}$$

$$K_{A,边界} = \frac{\sqrt{K_1}}{2\alpha H}b^2 \tag{3-41}$$

综上，无充填裂隙岩体的等效渗透率显式表达可以重新表示为

$$K_n = K_{n,缝} + K_{n,孔} + K_{n,边界} \tag{3-42}$$

3.1.5　室内试验验证

为进一步验证含贯通裂缝岩体无充填情况渗流理论，建立如图 3-2 所示的模型开展试验验证。

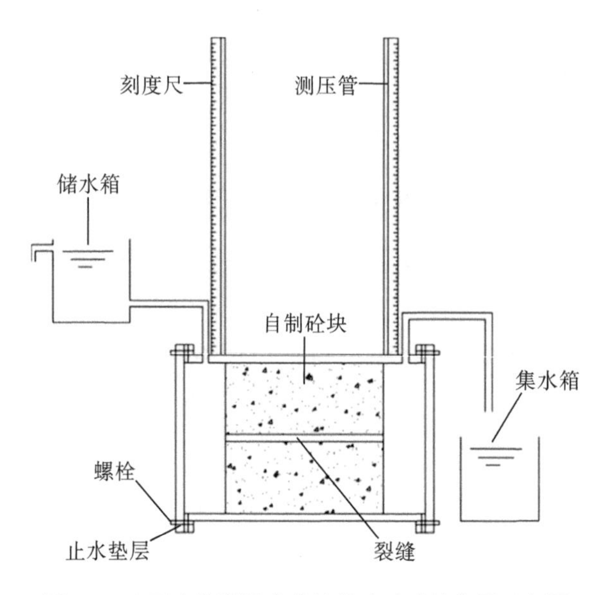

图 3-2 含无充填裂缝岩体等效渗透试验装置示意图

首先在模型箱中间固定一厚度为 2mm 的泡沫板，然后浇筑混凝土块。待混凝土凝固满足要求后，连接如图 3-2 所示试验装置，按渗透试验相关规程开展试验，分别测试混凝土试件和含贯通裂缝等效岩体的渗透系数。试验过程中待渗流稳定后开始记录。混凝土块渗透系数 k_i 结果见表 3-1。表中渗透率 $K_i = k_i\eta/\gamma_w$。

表 3-1 混凝土块渗透试验测试结果

序号	渗径长度 L/cm	过水面积 A/cm²	水头差 H/cm	时间 t/s	体积 V/cm³	渗透系数 k_i/ ($\times10^{-4}$cm/s)	渗透率 K_i/ ($\times10^{-9}$cm²)	平均渗透率 K_{1a}/ ($\times10^{-9}$cm²)
1	20	396	21	2960	600	4.88	5.02	4.74
			22	3105	650	4.81	4.95	
			20	3062	500	4.12	4.25	
2	20	396	23	2800	760	5.96	6.14	6.15
			20	3008	700	5.88	6.05	
			25	2996	900	6.07	6.25	
3	20	396	25	3446	600	3.52	3.62	3.82
			23	3265	500	3.36	3.46	
			22	3767	700	4.27	4.39	

混凝土块的渗透试验完成后，取出混凝土块间的泡沫板，形成含贯通裂缝等效岩体。再次按要求连接如图 3-2 所示试验装置，按渗透试验相关规程开展试验，待渗流稳定后开始记录，试验结果见表 3-2。

表 3-2　含无充填裂缝岩体等效渗透试验结果

序号	渗径长度 L/cm	过水面积 A/cm^2	渗流量 Q/mL	水头差 Δh/cm	时间 t/s	渗透系数 k_i/(cm/s)	平均渗透系数 $k_{试验}$/(cm/s)
1	20	400	8000	4.70	25	3.40	3.39
			8500	4.90	27	3.20	
			9000	4.50	28	3.58	
2	20	400	9500	4.80	30	3.32	3.36
			10000	5.00	32	3.11	
			9000	4.40	28	3.65	
3	20	400	8800	4.50	29	3.37	3.12
			9200	4.70	32	3.04	
			9600	4.80	34	2.95	

试验完成后，轻轻取出试验装置中的混凝土块，将其制作成 3 组尺寸为 5cm×5cm×5cm 试样，测定混凝土块孔隙率。试验结果见表 3-3。

表 3-3　混凝土块孔隙率测试结果

序号	试块体积 V/(10^{-4} m^3)	饱水质量 m_{sat}/kg	烘干质量 m_d/kg	孔隙率 n_t / %	平均孔隙率 n_{1a} / %
1	1.25	285.31	283.42	1.9	n_{1a}=(1.9+1.3)/2=1.6
	1.25	287.62	286.31	1.3	
2	1.25	284.19	282.48	1.7	n_{1a}=(1.7+2.3)/2=2.0
	1.25	285.48	283.19	2.3	
3	1.25	286.32	284.88	1.4	n_{1a}=(1.4+1.6)/2=1.5
	1.25	285.80	284.21	1.6	

通过试验获得混凝土的渗透率 K_1、孔隙率 n_1，将这些参数和模型试验中的特征尺寸代入式(3-36)，可以得到基于本节理论推求公式获得的无充填裂隙岩体等效渗透系数 k_n，同时将上述参数代入式(3-37)，可以得到基于 Arbogast 和 Lehr(2006)的理论公式获得的等效渗透系数，试验值与两组理论值对比见表 3-4。

表 3-4　等效渗透试验值与理论值对比分析表

序号	H/cm	b/cm	K_1/cm^2	n_1/%	k_n/(cm/s)	k_A/(cm/s)	$k_{试验}$/(cm/s)	误差/%
1	20	0.2	4.74×10^{-9}	1.6	3.24	3.24	3.32	2.44
2	20	0.2	6.15×10^{-9}	2.0	3.24	3.25	3.36	3.59
3	20	0.2	3.83×10^{-9}	1.5	3.24	3.24	3.12	3.81

由表 3-4 可知，基于本节推求公式得到的理论值 k_n 与基于 Arbogast 和 Lehr(2006)的理论公式得到的理论值 k_A 基本一致。对比试验结果，理论值与试验

值的误差较小。同时，对于无充填裂隙岩体渗透特性，岩石基质渗透特性的细微变化对等效渗透系数的影响较小，也反映出裂隙岩体渗透特性的控制性因素主要为裂隙的开度。

3.2 全充填贯通裂缝流场

岩体裂缝常被细颗粒物质所充填。充填物的存在会对裂隙岩体的渗透特性产生较大影响。为了分析含充填裂隙岩体的渗透特性，建立周期性互层状介质渗透分析模型，直角坐标系如图 3-3 所示。

在图 3-3 所示模型中，岩石和裂缝沿 x 方向长度为 L，沿 y 方向周期裂缝单层岩体厚度为 H，裂缝开度为 b，坐标原点 o 位于不同介质交界面。岩石基质中水流沿 x 方向的局部平均流速为 w_x，裂隙充填物中水流沿 x 方向的局部平均流速为 u_x。岩石基质渗透率、孔隙率分别为 K_1 和 n_1，充填物渗透率、孔隙率分别为 K_2 和 n_2。

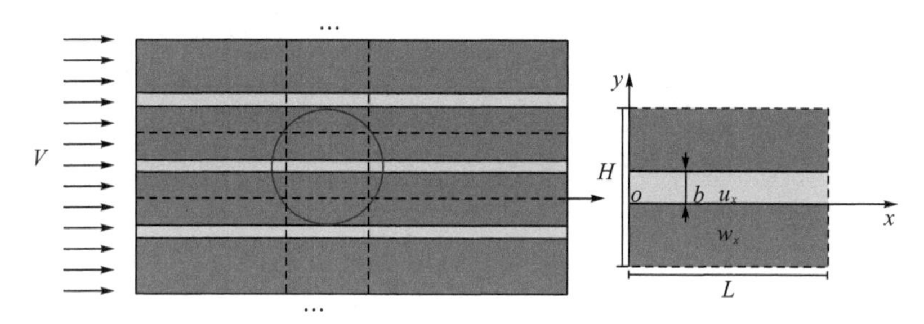

图 3-3 含充填裂缝岩体等效渗透分析计算模型

为了便于理论分析，作如下假设。

(1) 只考虑 x 方向的一维流动，y 和 z 方向的流速为 0。

(2) 岩石基质和充填介质为均匀多孔介质，其中的水流为 Newton 流体。

(3) 水流运动为层流。

(4) 裂缝无限延伸。

(5) 水流在两种介质的交界面处满足流速相等、剪应力连续的边界条件。

岩石基质和充填介质渗流遵循 Brinkman-Darcy 方程：

$$n\rho f - n\nabla\overline{p} + \eta\nabla^2\overline{v} - n\frac{\eta}{K}\overline{v} = \frac{\rho}{n}(\overline{v}\cdot\nabla)\overline{v} \tag{3-43}$$

式中，$\overline{v}$ 为孔隙介质中的渗流流速 (LT^{-1})；$\overline{p}$ 为流体压强 (ML^{-1}T^{-2})；η为水的动力黏度 (ML^{-1}T^{-1})；ρ为水的密度 (ML^{-3})；n 为岩土体基质或充填物的孔隙率 (无量纲)；K 为岩土体基质或充填物的渗透率 (L^2)；∇为 Hamilton 算子。

3.2.1　裂缝中纯水流的流速

在此，写出连续性方程：

$$\frac{\partial u_x}{\partial x}+\frac{\partial u_y}{\partial y}+\frac{\partial u_z}{\partial z}=0 \tag{3-44}$$

式中，u_x、u_y、u_z 分别表示 x、y、z 方向裂缝充填物渗流流速(LT^{-1})。

根据基本假设，充填裂缝中水流运动满足式(3-43)描述的 B-D 方程。在 x 方向，式(3-43)可以展开为

$$\begin{aligned}&\rho n_2 f_x-n_2\frac{\partial p}{\partial x}+\eta\left(\frac{\partial^2 u_x}{\partial x^2}+\frac{\partial^2 u_x}{\partial y^2}+\frac{\partial^2 u_x}{\partial z^2}\right)-n_2\frac{\eta}{K_2}u_x\\&=\frac{\rho}{n_2}\left(u_x\frac{\partial u_x}{\partial x}+u_y\frac{\partial u_x}{\partial y}+u_z\frac{\partial u_x}{\partial z}\right)\end{aligned} \tag{3-45}$$

由于充填裂隙渗流沿 y、z 方向的流速均为 0，即 $u_y=u_z=0$。据此可知，$\partial u_y/\partial y=\partial u_z/\partial z=0$，于是代入式(3-44)可得$\partial u_x/\partial x=0$。$x$ 方向的流速 u_x 沿 z 方向不发生变化，即$\partial u_x/\partial z=0$，于是可得$\partial^2 u_x/\partial z^2=0$。在 x 方向，水流惯性力 $f_x=g\sin\theta$，θ为充填裂隙倾角。水的容重$\gamma_\mathrm{w}=\rho g$，ρ为水的密度，g 为重力加速度。

把以上条件代入式(3-45)，化简可得

$$\eta\frac{\mathrm{d}^2 u_x}{\mathrm{d}y^2}-n_2\frac{\eta}{K_2}u_x-n_2\frac{\mathrm{d}p}{\mathrm{d}x}+\gamma_\mathrm{w}n_2\sin\theta=0 \tag{3-46}$$

水流压强 p 沿 x 方向路径 L 的变化率为常数，可以表示为

$$\frac{\mathrm{d}p}{\mathrm{d}x}=-\frac{\Delta p}{L}=\mathrm{const} \tag{3-47}$$

把式(3-47)代入式(3-46)，求解出常微分方程的解：

$$u_x=B_1\mathrm{e}^{y\sqrt{n_2/K_2}}+B_2\mathrm{e}^{-y\sqrt{n_2/K_2}}+\frac{(\Delta p+\gamma_\mathrm{w}L\sin\theta)K_2}{L\eta} \tag{3-48}$$

式中，B_1 和 B_2 为待求系数。

3.2.2　岩石基质中渗流的流速

根据基本假设，岩石基质渗流也满足 Brinkman-Darcy 方程，即满足式(3-43)。在 x 方向，相应的 B-D 方程可以简化为

$$\begin{aligned}&\rho n_1 f_x-n_1\frac{\partial p}{\partial x}+\eta\left(\frac{\partial^2 w_x}{\partial x^2}+\frac{\partial^2 w_x}{\partial y^2}+\frac{\partial^2 w_x}{\partial z^2}\right)-n_1\frac{\eta}{K_1}w_x\\&=\frac{\rho}{n_1}\left(w_x\frac{\partial w_x}{\partial x}+w_y\frac{\partial w_x}{\partial y}+w_z\frac{\partial w_x}{\partial z}\right)\end{aligned} \tag{3-49}$$

与前述化简式(3-45)的方式一样，化简式(3-49)可得

$$\eta\frac{\mathrm{d}^2w_x}{\mathrm{d}y^2}-n_1\frac{\eta}{K_1}w_x+n_1\frac{\Delta p}{L}+\gamma_{\mathrm{w}}n_1\sin\theta=0 \tag{3-50}$$

求解式(3-50)，得到岩石基质渗流流速表达式：

$$w_x=C_1\mathrm{e}^{y\sqrt{n_1/K_1}}+C_2\mathrm{e}^{-y\sqrt{n_1/K_1}}+\frac{(\Delta p+\gamma_{\mathrm{w}}L\sin\theta)K_1}{L\eta} \tag{3-51}$$

式中，C_1和C_2为待求系数。

3.2.3 边界条件及解析解

由图3-3所示的数学模型可知，求解w_x和u_x时，满足以下边界条件。

(1) 当$y=-(H-b)/2$时，$\mathrm{d}w_x/\mathrm{d}y=0$。

(2) 交界处满足速度相等、剪应力连续，即当$y=0$时，$u_x=w_x$和$\mathrm{d}w_x/(n_2\mathrm{d}y)=\mathrm{d}u_x/(n_1\mathrm{d}y)$。

(3) 当$y=b/2$时，$\mathrm{d}u_x/\mathrm{d}y=0$。

将以上边界条件代入式(3-48)和式(3-51)得到如下方程组：

$$\begin{cases} C_1=C_2\mathrm{e}^{(H-b)\sqrt{n_1/K_1}} \\ C_1+C_2+\dfrac{(\Delta p+\gamma_{\mathrm{w}}L\sin\theta)K_1}{L\eta}=B_1+B_2+\dfrac{(\Delta p+\gamma_{\mathrm{w}}L\sin\theta)K_2}{L\eta} \\ \dfrac{1}{\sqrt{n_1K_1}}(C_1-C_2)=\dfrac{1}{\sqrt{n_2K_2}}(B_1-B_2) \\ B_2=B_1\mathrm{e}^{b\sqrt{n_2/K_2}} \end{cases} \tag{3-52}$$

式中，B_1、B_2、C_1、C_2为待求系数。

采用高斯(Gauss)消元法求解式(3-52)，得到B_1、B_2、C_1、C_2，见式(3-53)。

$$\begin{cases} B_1=\dfrac{(\Delta p+\gamma_{\mathrm{w}}L\sin\theta)(K_2-K_1)\sqrt{K_2n_2}\left[\mathrm{e}^{(H-b)\sqrt{n_1/K_1}}-1\right]}{L\eta\left\{\sqrt{K_1n_1}\left(1-\mathrm{e}^{b\sqrt{n_2/K_2}}\right)\left[1+\mathrm{e}^{(H-b)\sqrt{n_1/K_1}}\right]-\sqrt{K_2n_2}\left[\mathrm{e}^{(H-b)\sqrt{n_1/K_1}}-1\right]\left(1+\mathrm{e}^{b\sqrt{n_2/K_2}}\right)\right\}} \\ B_2=\dfrac{(\Delta p+\gamma_{\mathrm{w}}L\sin\theta)(K_2-K_1)\sqrt{K_2n_2}\left[\mathrm{e}^{(H-b)\sqrt{n_1/K_1}}-1\right]\mathrm{e}^{b\sqrt{n_2/K_2}}}{L\eta\left\{\sqrt{K_1n_1}\left(1-\mathrm{e}^{b\sqrt{n_2/K_2}}\right)\left[1+\mathrm{e}^{(H-b)\sqrt{n_1/K_1}}\right]-\sqrt{K_2n_2}\left[\mathrm{e}^{(H-b)\sqrt{n_1/K_1}}-1\right]\left(1+\mathrm{e}^{b\sqrt{n_2/K_2}}\right)\right\}} \\ C_1=\dfrac{(\Delta p+\gamma_{\mathrm{w}}L\sin\theta)(K_2-K_1)\sqrt{K_1n_1}\left(1-\mathrm{e}^{b\sqrt{n_2/K_2}}\right)\mathrm{e}^{(H-b)\sqrt{n_1/K_1}}}{L\eta\left\{\sqrt{K_1n_1}\left(1-\mathrm{e}^{b\sqrt{n_2/K_2}}\right)\left[1+\mathrm{e}^{(H-b)\sqrt{n_1/K_1}}\right]-\sqrt{K_2n_2}\left[\mathrm{e}^{(H-b)\sqrt{n_1/K_1}}-1\right]\left(1+\mathrm{e}^{b\sqrt{n_2/K_2}}\right)\right\}} \\ C_2=\dfrac{(\Delta p+\gamma_{\mathrm{w}}L\sin\theta)(K_2-K_1)\sqrt{K_1n_1}\left(1-\mathrm{e}^{b\sqrt{n_2/K_2}}\right)}{L\eta\left\{\sqrt{K_1n_1}\left(1-\mathrm{e}^{b\sqrt{n_2/K_2}}\right)\left[1+\mathrm{e}^{(H-b)\sqrt{n_1/K_1}}\right]-\sqrt{K_2n_2}\left[\mathrm{e}^{(H-b)\sqrt{n_1/K_1}}-1\right]\left(1+\mathrm{e}^{b\sqrt{n_2/K_2}}\right)\right\}} \end{cases} \tag{3-53}$$

分析式(3-53)中的系数 B_1、B_2、C_1、C_2 发现，对于实际裂隙岩体，$\mathrm{e}^{(H-b)\sqrt{n_1/K_1}}$ 和 $\mathrm{e}^{b\sqrt{n_2/K_2}}$ 量级都很大，均可视为正无穷大，于是式(3-54)和式(3-55)成立。

$$\frac{\mathrm{e}^{(H-b)\sqrt{n_1/K_1}}-1}{\mathrm{e}^{(H-b)\sqrt{n_1/K_1}}+1}\approx 1 \tag{3-54}$$

$$\frac{\mathrm{e}^{b\sqrt{n_2/K_2}}-1}{\mathrm{e}^{b\sqrt{n_2/K_2}}+1}\approx 1 \tag{3-55}$$

将式(3-54)和式(3-55)代入式(3-53)，化简可得

$$\begin{cases} B_1=\dfrac{(\Delta p+\gamma_{\mathrm{w}}L\sin\theta)(K_2-K_1)\sqrt{K_2n_2}}{L\eta\left[\sqrt{K_1n_1}\left(1-\mathrm{e}^{b\sqrt{n_2/K_2}}\right)-\sqrt{K_2n_2}\left(1+\mathrm{e}^{b\sqrt{n_2/K_2}}\right)\right]} \\ B_2=\dfrac{(\Delta p+\gamma_{\mathrm{w}}L\sin\theta)(K_2-K_1)\sqrt{K_2n_2}\,\mathrm{e}^{b\sqrt{n_2/K_2}}}{L\eta\left[\sqrt{K_1n_1}\left(1-\mathrm{e}^{b\sqrt{n_2/K_2}}\right)-\sqrt{K_2n_2}\left(1+\mathrm{e}^{b\sqrt{n_2/K_2}}\right)\right]} \\ C_1=\dfrac{(\Delta p+\gamma_{\mathrm{w}}L\sin\theta)(K_2-K_1)\sqrt{K_1n_1}\,\mathrm{e}^{(H-b)\sqrt{n_1/K_1}}}{L\eta\left\{\sqrt{K_1n_1}\left[1+\mathrm{e}^{(H-b)\sqrt{n_1/K_1}}\right]+\sqrt{K_2n_2}\left[\mathrm{e}^{(H-b)\sqrt{n_1/K_1}}-1\right]\right\}} \\ C_2=\dfrac{(\Delta p+\gamma_{\mathrm{w}}L\sin\theta)(K_2-K_1)\sqrt{K_1n_1}}{L\eta\left\{\sqrt{K_1n_1}\left[1+\mathrm{e}^{(H-b)\sqrt{n_1/K_1}}\right]+\sqrt{K_2n_2}\left[\mathrm{e}^{(H-b)\sqrt{n_1/K_1}}-1\right]\right\}} \end{cases} \tag{3-56}$$

将式(3-56)代入式(3-48)和式(3-51)，得到充填裂隙和岩石基质中流体表达式：

$$\begin{aligned} u_x=&\frac{(\Delta p+\gamma_{\mathrm{w}}L\sin\theta)(K_2-K_1)\sqrt{K_2n_2}}{L\eta\left[\sqrt{K_1n_1}\left(1-\mathrm{e}^{b\sqrt{n_2/K_2}}\right)-\sqrt{K_2n_2}\left(1+\mathrm{e}^{b\sqrt{n_2/K_2}}\right)\right]}\mathrm{e}^{y\sqrt{n_2/K_2}} \\ &+\frac{(\Delta p+\gamma_{\mathrm{w}}L\sin\theta)(K_2-K_1)\sqrt{K_2n_2}\,\mathrm{e}^{b\sqrt{n_2/K_2}}}{L\eta\left[\sqrt{K_1n_1}\left(1-\mathrm{e}^{b\sqrt{n_2/K_2}}\right)-\sqrt{K_2n_2}\left(1+\mathrm{e}^{b\sqrt{n_2/K_2}}\right)\right]}\mathrm{e}^{-y\sqrt{n_2/K_2}} \\ &+\frac{K_2(\Delta p+\gamma_{\mathrm{w}}L\sin\theta)}{L\eta} \end{aligned} \tag{3-57}$$

$$\begin{aligned} w_x=&\frac{(\Delta p+\gamma_{\mathrm{w}}L\sin\theta)(K_2-K_1)\sqrt{K_1n_1}\,\mathrm{e}^{(H-b)\sqrt{n_1/K_1}}}{L\eta\left\{\sqrt{K_1n_1}\left[1+\mathrm{e}^{(H-b)\sqrt{n_1/K_1}}\right]+\sqrt{K_2n_2}\left[\mathrm{e}^{(H-b)\sqrt{n_1/K_1}}-1\right]\right\}}\mathrm{e}^{y\sqrt{n_1/K_1}} \\ &+\frac{(\Delta p+\gamma_{\mathrm{w}}L\sin\theta)(K_2-K_1)\sqrt{K_1n_1}}{L\eta\left\{\sqrt{K_1n_1}\left[1+\mathrm{e}^{(H-b)\sqrt{n_1/K_1}}\right]+\sqrt{K_2n_2}\left[\mathrm{e}^{(H-b)\sqrt{n_1/K_1}}-1\right]\right\}}\mathrm{e}^{-y\sqrt{n_1/K_1}} \\ &+\frac{K_1(\Delta p+\gamma_{\mathrm{w}}L\sin\theta)}{L\eta} \end{aligned} \tag{3-58}$$

当岩体裂隙处于水平状时，即 $\theta=0°$，式(3-57)和式(3-58)简化为

$$
\begin{aligned}
u_x =& \frac{(K_2-K_1)\Delta p\sqrt{K_2 n_2}}{L\eta\left[\sqrt{K_1 n_1}\left(1-\mathrm{e}^{b\sqrt{n_2/K_2}}\right)-\sqrt{K_2 n_2}\left(1+\mathrm{e}^{b\sqrt{n_2/K_2}}\right)\right]}\mathrm{e}^{y\sqrt{n_2/K_2}} \\
&+\frac{(K_2-K_1)\Delta p\sqrt{K_2 n_2}\,\mathrm{e}^{b\sqrt{n_2/K_2}}}{L\eta\left[\sqrt{K_1 n_1}\left(1-\mathrm{e}^{b\sqrt{n_2/K_2}}\right)-\sqrt{K_2 n_2}\left(1+\mathrm{e}^{b\sqrt{n_2/K_2}}\right)\right]}\mathrm{e}^{-y\sqrt{n_2/K_2}} \\
&+\frac{K_2\Delta p}{L\eta}
\end{aligned}
\tag{3-59}
$$

$$
\begin{aligned}
w_x =& \frac{(K_2-K_1)\Delta p\sqrt{K_1 n_1}\,\mathrm{e}^{(H-b)\sqrt{n_1/K_1}}}{L\eta\left\{\sqrt{K_1 n_1}\left[1+\mathrm{e}^{(H-b)\sqrt{n_1/K_1}}\right]+\sqrt{K_2 n_2}\left[\mathrm{e}^{(H-b)\sqrt{n_1/K_1}}-1\right]\right\}}\mathrm{e}^{y\sqrt{n_1/K_1}} \\
&+\frac{(K_2-K_1)\Delta p\sqrt{K_1 n_1}}{L\eta\left\{\sqrt{K_1 n_1}\left[1+\mathrm{e}^{(H-b)\sqrt{n_1/K_1}}\right]+\sqrt{K_2 n_2}\left[\mathrm{e}^{(H-b)\sqrt{n_1/K_1}}-1\right]\right\}}\mathrm{e}^{-y\sqrt{n_1/K_1}} \\
&+\frac{K_1\Delta p}{L\eta}
\end{aligned}
\tag{3-60}
$$

3.2.4 等效渗透系数分析

通过积分可以得到含充填裂缝岩体的平均流速$\overline{v}$，即：

$$
\begin{aligned}
\overline{v} =& \frac{\int_{-\frac{H-b}{2}}^{0} w_x \mathrm{d}y+\int_{0}^{\frac{b}{2}} u_x \mathrm{d}y}{H/2} \\
=& \frac{C_2\sqrt{K_1 n_1}\left(\mathrm{e}^{(H-b)\sqrt{K_1/n_1}}-1\right)-B_1\sqrt{K_2 n_2}\left(1-\mathrm{e}^{b\sqrt{K_2/n_2}}\right)+\dfrac{\Delta p}{2L\eta}\left[K_1(H-b)+K_2 b\right]}{H/2}
\end{aligned}
\tag{3-61}
$$

将式(3-56)中的系数B_1、C_2代入式(3-61)，化简得

$$
\overline{v}=\frac{1}{H}\left\{\frac{-2(K_2-K_1)^2\Delta p}{L\eta(\sqrt{n_1 K_1}+\sqrt{n_2 K_2})}+\frac{\Delta p}{L\eta}\left[K_1(H-b)+K_2 b\right]\right\}
\tag{3-62}
$$

基于 Darcy 定律$k_{\mathrm{f}}=\overline{v}/i$，可求出含全充填裂隙岩体的等效渗透系数$k_{\mathrm{f}}$:

$$
k_{\mathrm{f}}=\frac{\gamma_{\mathrm{w}}}{H\eta}\left[\frac{-2(K_1-K_2)^2}{\sqrt{n_1 K_1}+\sqrt{n_2 K_2}}+K_1(H-b)+K_2 b\right]
\tag{3-63}
$$

结合渗透率K_{f}与渗透系数k_{f}关系$K_{\mathrm{f}}=k_{\mathrm{f}}\eta/\gamma_{\mathrm{w}}$，可写出含全充填裂隙岩体的等效渗透率：

$$
K_{\mathrm{f}}=\frac{1}{H}\left[\frac{-2(K_1-K_2)^2}{\sqrt{n_1 K_1}+\sqrt{n_2 K_2}}+K_1(H-b)+K_2 b\right]
\tag{3-64}
$$

3.2.5　室内试验验证

参照前面的试验方法开展含全充填裂隙岩体渗流试验，全充填渗流试验中设置两种裂缝开度，分别为 10mm 和 20mm。首先在模型箱中间固定一块厚度为 10mm 或 20mm 的泡沫板，再浇筑混凝土。待混凝土凝固满足要求后，连接如图 3-4 所示试验装置。渗透试验中，首先测定混凝土的渗透系数，待渗流稳定后开始记录，测试结果见表 3-5。依据式 $K_i = k_i\eta/\gamma_w$，换算混凝土块的渗透率 K_i。

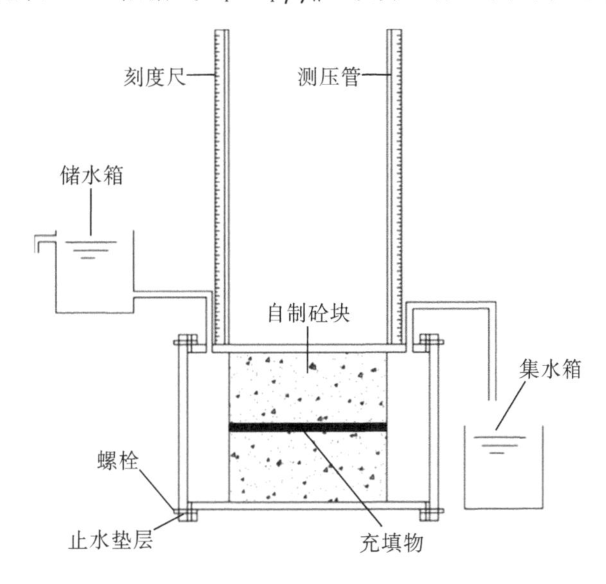

图 3-4　含全充填裂缝岩体等效渗透试验装置示意图

表 3-5　混凝土块渗透试验结果

序号	渗径长度 L/cm	过水面积 A/cm^2	水头差 H/cm	时间 t/s	体积 V/cm^3	渗透系数 k_i /($\times10^{-4}$ cm/s)	渗透率 K_i /($\times10^{-9}$ cm^2)	平均渗透率 K_{1a} /($\times10^{-9}$ cm^2)
1	20	380	21	2960	600	5.08	5.23	4.94
			22	3105	650	5.01	5.16	
			20	3062	500	4.30	4.43	
2	20	380	23	2253	700	7.11	7.32	7.48
			20	2163	600	7.30	7.52	
			25	2565	900	7.39	7.61	
3	20	360	25	3547	600	3.76	3.87	3.98
			23	3663	600	3.96	4.08	
			24	3588	600	3.87	3.99	

待混凝土试块渗透试验完成后，取出试块间的泡沫板，形成含贯通裂缝岩体。选用事先准备好的河砂对贯通裂缝进行填充，此时在混凝土块两侧安装透水板，控制砂的干密度为16.14kg/cm^3。再次按要求连接如图3-4所示试验装置开展无充填裂缝岩体渗透试验，待渗流稳定后开始记录，试验结果见表3-6。

表3-6 含全充填裂缝岩体等效渗透试验结果

序号	渗径长度 L/cm	过水面积 A/cm^2	渗流量 Q/cm^3	水头差 Δh/cm	时间 t/s	渗透系数 k_i /($\times10^{-4}$ cm/s)	平均渗透系数 $k_{试验}$ /($\times10^{-4}$ cm/s)
1	20	400	400	11.4	2962	5.92	6.49
			450	11.8	2606	7.32	
			500	12.4	3243	6.22	
2	20	400	700	12.7	2965	9.29	9.21
			680	12.4	3189	8.60	
			660	12.0	2823	9.74	
3	20	400	550	12.7	2896	7.48	7.66
			600	12.6	3272	7.28	
			650	12.5	3166	8.21	

试验完成后，轻轻取出试块，将其制作成3组尺寸为5cm×5cm×5cm试样，测定试样的孔隙率。试验结果见表3-7。

表3-7 混凝土块孔隙率测试结果

序号	试块体积 V/($\times10^{-4}$ m^3)	饱水质量 m_{sat}/kg	烘干质量 m_d/kg	孔隙率 n_t/%	平均孔隙率 n_{1a}/%
1	1.25	284.08	282.39	1.7	$n_{1a}=(1.7+1.9)/2=1.8$
	1.25	283.41	281.50	1.9	
2	1.25	281.20	278.51	2.7	$n_{1a}=(2.7+2.3)/2=2.5$
	1.25	280.51	278.20	2.3	
3	1.25	284.39	283.08	1.3	$n_{1a}=(1.3+1.9)/2=1.6$
	1.25	285.39	283.50	1.9	

试验测试得到混凝土渗透率K_1和孔隙率n_1以及充填物渗透率K_2和孔隙率n_2，将这些参数和模型试验中的特征尺寸代入式(3-63)，可以得到基于理论推求获得的全充填裂隙岩体等效渗透系数k_f。试验值与理论值对比见表3-8。由表3-8可知，理论值与试验值之间有一定误差，但是误差较小。同时，从表中可以看出，充填物渗透率K_2和孔隙率n_2对整体渗透系数有明显的影响。总结试验分析，试验值与理论值之间的误差可能来源于：①试验无法做到准确模拟理论模型的基本假设条件

以及边界条件，如裂缝无限延伸、天然岩体边界条件、多孔介质均匀性；②试验时裂缝充填的密实度与测定平均渗透系数时的密实度存在一定的充填误差。

表 3-8　理论值与试验值分析表

序号	H/cm	b / cm	K_1 / cm^2	n_1/ %	K_2 / cm^2	n_2 / %	k_f / (cm/s)	$k_{试验}$ / (cm/s)	误差 / %
1	20	1	4.94×10^{-9}	1.8	3.54×10^{-8}	39.0	6.28×10^{-4}	6.49×10^{-4}	3.24
2	20	1	7.48×10^{-9}	2.5	3.54×10^{-8}	39.0	8.62×10^{-4}	9.21×10^{-4}	6.41
3	20	2	3.98×10^{-9}	1.6	3.54×10^{-8}	39.0	6.92×10^{-4}	7.66×10^{-4}	9.66

3.3　部分充填贯通裂缝流场

在自然界中不仅存在无充填裂隙岩体、全充填裂隙岩体，还存在部分充填裂隙岩体。本节在上一节基础上，把模型扩展到三重复合介质渗透模型，即部分充填裂隙岩体渗透性分析模型，如图 3-5 所示，并建立如图所示直角坐标系。

在该模型中，岩石和裂缝沿 x 方向的长度为 L，一个周期岩体沿 y 方向的厚度为 H，裂缝开度为 b，坐标原点 o 位于岩石和充填物的交界面。裂隙中纯水流沿 x 方向的局部平均流速为 v_x，裂隙充填物中流体沿 x 方向的局部平均流速为 u_x，岩石基质中水流沿 x 方向的局部平均流速为 w_x。岩石基质的渗透率、孔隙率分别为 K_1 和 n_1，充填物的渗透率、孔隙率分别为 K_2 和 n_2。裂缝倾角为θ。

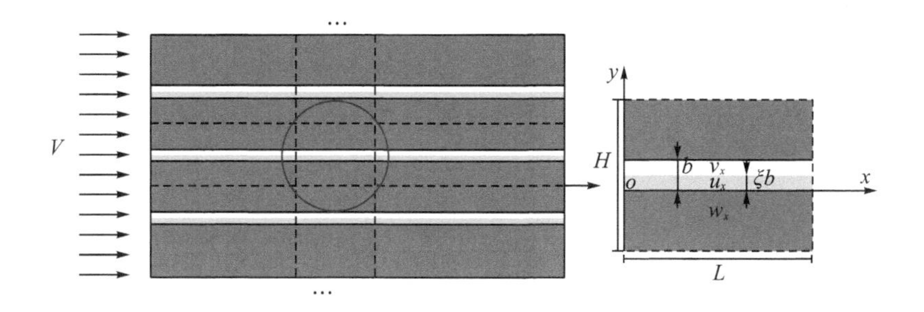

图 3-5　周期性部分充填裂缝岩体渗透分析计算模型

为了便于理论推求，在此作以下基本假设。

(1) 只考虑 x 方向的一维流动，y 方向和 z 方向的流速均为 0。

(2) 岩石基质和充填介质为均匀多孔介质，其中的水流为 Newton 流体。

(3) 水流运动为层流。

(4) 裂缝无限延伸。

(5) 在各介质的界面处满足流速相等、剪应力连续的边界条件。

(6) 各介质水流均满足连续性方程。

岩石基质渗流、充填介质渗流采用 B-D 方程描述：

$$n\rho f - n\nabla\overline{p} + \eta\nabla^2\overline{u} - n\frac{\eta}{K}\overline{u} = \frac{\rho}{n}(\overline{u}\cdot\nabla)\overline{u} \tag{3-65}$$

式中，f 为水流惯性力 (MLT^{-2})；$\overline{u}$ 为岩石基质渗流流速 (LT^{-1})；$\overline{p}$ 为流体压强 ($ML^{-1}T^{-2}$)；η为水的动力黏滞系数 ($ML^{-1}T^{-1}$)；ρ为水的密度 (ML^{-3})；n 为岩石基质孔隙率 (无量纲)；K 为岩石基质渗透率 (L^2)，渗透率 K 与渗透系数 k 的关系 $K = k\eta/\gamma_w$；∇为 Hamilton 算子。

裂缝水流采用 N-S 方程描述：

$$\rho f - \nabla\overline{p} + \eta\nabla^2\overline{v} = \rho(\overline{v}\cdot\nabla)\overline{v} \tag{3-66}$$

式中，$\overline{v}$ 为裂缝中纯水体的流速 (LT^{-1})。

3.3.1 裂缝中纯水流的流速

根据基本假设，裂缝中纯水流运动满足连续性方程和 N-S 方程。在此，写出连续性方程：

$$\frac{\partial v_x}{\partial x} + \frac{\partial v_y}{\partial y} + \frac{\partial v_z}{\partial z} = 0 \tag{3-67}$$

根据式 (3-66)，在 x 方向 N-S 方程可以展开为

$$\rho f_x - \frac{\partial p}{\partial x} + \eta\left(\frac{\partial^2 v_x}{\partial x^2} + \frac{\partial^2 v_x}{\partial y^2} + \frac{\partial^2 v_x}{\partial z^2}\right) = \rho\left(v_x\frac{\partial v_x}{\partial x} + v_y\frac{\partial v_x}{\partial y} + v_z\frac{\partial v_x}{\partial z}\right) \tag{3-68}$$

部分充填裂缝中的纯水体，沿 y、z 方向的流速均为 0，即 $v_y = v_z = 0$，由此可得$\partial v_y/y = \partial v_z/z = 0$，将其代入式 (3-67) 可得$\partial v_x/x = 0$。沿 x 方向，水流惯性力表示为 $f_x = g\sin\theta$。沿 x 方向长度 L 的水压力变化有 $dp/dx = \Delta p/L$。把这些条件代入式 (3-68)，对其进行化简得到：

$$\eta\frac{d^2 v_x}{dy^2} + \frac{\Delta p}{L} + \gamma_w\sin\theta = 0 \tag{3-69}$$

求解式 (3-69) 的微分方程，可得

$$v_x = -\frac{\Delta p + \gamma_w L\sin\theta}{2L\eta}y^2 + A_1 y + A_2 \tag{3-70}$$

式中，A_1、A_2 为待求系数。

3.3.2 充填裂缝中渗流的流速

对于充填裂缝渗流，连续性方程写为

$$\frac{\partial u_x}{\partial x}+\frac{\partial u_y}{\partial y}+\frac{\partial u_z}{\partial z}=0 \tag{3-71}$$

式中，u_x、u_y、u_z分别表示 x、y、z 方向裂缝充填物渗流流速(LT^{-1})。

根据基本假设，充填裂缝中渗流运动满足式(3-65)描述的 B-D 方程，在 x 方向展开为

$$\begin{aligned}&\rho n_2 f_x-n_2\frac{\partial p}{\partial x}+\eta\left(\frac{\partial^2 u_x}{\partial x^2}+\frac{\partial^2 u_x}{\partial y^2}+\frac{\partial^2 u_x}{\partial z^2}\right)-n_2\frac{\eta}{K_2}u_x\\&=\frac{\rho}{n_2}\left(u_x\frac{\partial u_x}{\partial x}+u_y\frac{\partial u_x}{\partial y}+u_z\frac{\partial u_x}{\partial z}\right)\end{aligned} \tag{3-72}$$

参照前述方式，对式(3-72)进行简化，则得

$$\eta\frac{\mathrm{d}^2 u_x}{\mathrm{d}y^2}-n_2\frac{\eta}{K_2}u_x-n_2\frac{\mathrm{d}p}{\mathrm{d}x}+\gamma_{\mathrm{w}}n_2\sin\theta=0 \tag{3-73}$$

由于沿 x 方向长度 L 上的水流压强 p 的变化率为常数，写为

$$\frac{\mathrm{d}p}{\mathrm{d}x}=-\frac{\Delta p}{L}=\mathrm{const} \tag{3-74}$$

把式(3-74)代入式(3-73)，求解微分方程得

$$u_x=B_1\mathrm{e}^{y\sqrt{n_2/K_2}}+B_2\mathrm{e}^{-y\sqrt{n_2/K_2}}+\frac{(\Delta p+\gamma_{\mathrm{w}}L\sin\theta)K_2}{L\eta} \tag{3-75}$$

式中，B_1、B_2为待求系数。

3.3.3　岩石基质中渗流的流速

根据基本假设，岩石基质渗流也满足 B-D 方程。在 x 方向，式(3-65)展开为

$$\begin{aligned}&\rho n_1 f_x-n_1\frac{\partial p}{\partial x}+\eta\left(\frac{\partial^2 w_x}{\partial x^2}+\frac{\partial^2 w_x}{\partial y^2}+\frac{\partial^2 w_x}{\partial z^2}\right)-n_1\frac{\eta}{K_1}w_x\\&=\frac{\rho}{n_1}\left(w_x\frac{\partial w_x}{\partial x}+w_y\frac{\partial w_x}{\partial y}+w_z\frac{\partial w_x}{\partial z}\right)\end{aligned} \tag{3-76}$$

参照前述方式，对式(3-76)进行简化，则得

$$\eta\frac{\mathrm{d}^2 w_x}{\mathrm{d}y^2}-n_1\frac{\eta}{K_1}w_x+n_1\frac{\Delta p}{L}+\gamma_{\mathrm{w}}n_1\sin\theta=0 \tag{3-77}$$

求解式(3-77)，得到岩石基质中渗流流速表达式：

$$w_x=C_1\mathrm{e}^{y\sqrt{n_1/K_1}}+C_2\mathrm{e}^{-y\sqrt{n_1/K_1}}+\frac{(\Delta p+\gamma_{\mathrm{w}}L\sin\theta)K_1}{L\eta} \tag{3-78}$$

式中，C_1、C_2为待求系数。

3.3.4 边界条件及解析解

根据图 3-5 所示的数学模型，要求解出前述 A_1、A_2、B_1、B_2、C_1、C_2 各系数，需结合以下边界条件。

(1) 在 $y=b$ 处，满足流速相等、剪应力连续的边界条件，即：

$$\begin{cases} w_x(b)=v_x(b) \\ \dfrac{\mathrm{d}v_x}{\mathrm{d}y}\Big|_{y=b}=\dfrac{1}{n_1}\dfrac{\mathrm{d}w_x}{\mathrm{d}y}\Big|_{y=b} \end{cases} \tag{3-79}$$

(2) 在 $y=0$ 处，满足流速相等、剪应力连续的边界条件，即：

$$\begin{cases} u_x(0)=w_x(0) \\ \dfrac{1}{n_2}\dfrac{\mathrm{d}u_x}{\mathrm{d}y}\Big|_{y=0}=\dfrac{1}{n_1}\dfrac{\mathrm{d}w_x}{\mathrm{d}y}\Big|_{y=0} \end{cases} \tag{3-80}$$

(3) 在 $y=\xi b$ 处，满足流速相等、剪应力连续的边界条件，即：

$$\begin{cases} u_x(\xi b)=v_x(\xi b) \\ \dfrac{1}{n_2}\dfrac{\mathrm{d}u_x}{\mathrm{d}y}\Big|_{y=\xi b}=\dfrac{\mathrm{d}v_x}{\mathrm{d}y}\Big|_{y=\xi b} \end{cases} \tag{3-81}$$

根据在 $y=0$ 处充填介质流速与基质流速满足流速相等、剪应力连续的边界条件，即式(3-80)，将式(3-75)和式(3-78)代入其中可得

$$B_1+B_2+\frac{\Delta pK_1}{L\eta}=C_1+C_2+\frac{\Delta pK_2}{L\eta} \tag{3-82}$$

$$\frac{1}{\sqrt{n_1K_1}}(B_1-B_2)=\frac{1}{\sqrt{n_2K_2}}(C_1-C_2) \tag{3-83}$$

根据在 $y=\xi b$ 处充填介质流速与纯流体流速满足流速相等、剪应力连续的边界条件，即式(3-81)，代入式(3-70)和式(3-75)，可得

$$-\frac{\Delta p}{2L\eta}(\xi b)^2+A_1\xi b+A_2=B_1\mathrm{e}^{(\xi b)\sqrt{n_1/K_1}}+B_2\mathrm{e}^{-(\xi b)\sqrt{n_1/K_1}}+\frac{\Delta pK_1}{L\eta} \tag{3-84}$$

$$-\frac{\Delta p}{L\eta}\xi b+A_1=\sqrt{\frac{1}{n_1K_1}}\left(B_1\mathrm{e}^{(\xi b)\sqrt{n_1/K_1}}-B_2\mathrm{e}^{-(\xi b)\sqrt{n_1/K_1}}\right) \tag{3-85}$$

根据在 $y=b$ 处岩石介质流速与纯流体流速满足流速相等、剪应力连续的边界条件，即式(3-79)，代入式(3-70)和式(3-78)，可得

$$-\frac{\Delta p}{2L\eta}b^2+A_1b+A_2=C_1\mathrm{e}^{-(H-b)\sqrt{n_2/K_2}}+C_2\mathrm{e}^{(H-b)\sqrt{n_2/K_2}}+\frac{\Delta pK_2}{L\eta} \tag{3-86}$$

$$-\frac{\Delta p}{L\eta}b+A_1=\sqrt{\frac{1}{n_2K_2}}\left[C_1\mathrm{e}^{-(H-b)\sqrt{n_2/K_2}}-C_2\mathrm{e}^{(H-b)\sqrt{n_2/K_2}}\right] \tag{3-87}$$

式(3-82)～式(3-87)可组成一个六元一次方程组，可写为式(3-88)的矩阵形式，该方程组可用高斯(Gauss)法求解。

$$\begin{bmatrix} b & 1 & 0 & 0 & -\mathrm{e}^{-(H-b)\sqrt{n_1/K_1}} & -\mathrm{e}^{(H-b)\sqrt{n_1/K_1}} \\ \sqrt{n_1K_1} & 0 & 0 & 0 & \mathrm{e}^{-(H-b)\sqrt{n_1/K_1}} & \mathrm{e}^{(H-b)\sqrt{n_1/K_1}} \\ 0 & 0 & 1 & 1 & -1 & -1 \\ 0 & 0 & \sqrt{n_1K_1} & -\sqrt{n_1K_1} & -\sqrt{n_2K_2} & \sqrt{n_2K_2} \\ \xi b & 1 & -\mathrm{e}^{(\xi b)\sqrt{n_2/K_2}} & -\mathrm{e}^{-(\xi b)\sqrt{n_2/K_2}} & 0 & 0 \\ \sqrt{n_2K_2} & 0 & -\mathrm{e}^{(\xi b)\sqrt{n_2/K_2}} & \mathrm{e}^{-(\xi b)\sqrt{n_2/K_2}} & 0 & 0 \end{bmatrix} \begin{Bmatrix} A_1 \\ A_2 \\ B_1 \\ B_2 \\ C_1 \\ C_2 \end{Bmatrix} = \{Y\} \tag{3-88}$$

式中，$\{Y\}$的表达如下：

$$\{Y\} = \begin{Bmatrix} \dfrac{\Delta p}{2L\eta}(b^2 + 2K_1) \\ \dfrac{\Delta p}{L\eta}(b\sqrt{n_1K_1}) \\ \dfrac{\Delta p}{L\eta}(K_1 - K_2) \\ 0 \\ \dfrac{\Delta p}{2L\eta}[(\xi b)^2 + 2K_2] \\ \dfrac{\Delta p}{L\eta}(\xi b\sqrt{n_2K_2}) \end{Bmatrix} \tag{3-89}$$

在此，先求解式(3-84)和式(3-85)，得到：

$$B_1 = \left\{ -\frac{\Delta p}{2L\eta}[(\xi b)^2 + 2K_1 + 2\xi b\sqrt{n_1K_1}] + A_1(\xi b + \sqrt{n_1K_1}) + A_2 \right\} \cdot \mathrm{e}^{-(\xi b)\sqrt{n_1/K_1}} \tag{3-90}$$

$$B_2 = \left\{ -\frac{\Delta p}{2L\eta}[(\xi b)^2 + 2K_1 - 2\xi b\sqrt{n_1K_1}] + A_1(\xi b - \sqrt{n_1K_1}) + A_2 \right\} \cdot \mathrm{e}^{(\xi b)\sqrt{n_1/K_1}} \tag{3-91}$$

同样，求解式(3-86)和式(3-87)，得到：

$$C_1 = \left[-\frac{\Delta p}{2L\eta}(b^2 + 2K_1 + 2b\sqrt{n_1K_1}) + A_1(b + \sqrt{n_1K_1}) + A_2 \right] \cdot \mathrm{e}^{(H-b)\sqrt{n_1/K_1}} \tag{3-92}$$

$$C_2 = \left[-\frac{\Delta p}{2L\eta}(b^2 + 2K_1 - 2b\sqrt{n_1K_1}) + A_1(b - \sqrt{n_1K_1}) + A_2 \right] \cdot \mathrm{e}^{-(H-b)\sqrt{n_1/K_1}} \tag{3-93}$$

式(3-90)和式(3-91)相加，可得

$$B_1+B_2=-\frac{\Delta p}{2L\eta}\left[(\xi b)^2+2K_1\right](\mathrm{e}^{(\xi b)\sqrt{n_1/K_1}}+\mathrm{e}^{-(\xi b)\sqrt{n_1/K_1}})$$
$$+\frac{\Delta p}{L\eta}\xi b\sqrt{n_1K_1}(\mathrm{e}^{-(\xi b)\sqrt{n_1/K_1}}-\mathrm{e}^{(\xi b)\sqrt{n_1/K_1}})+A_1\xi b(\mathrm{e}^{(\xi b)\sqrt{n_1/K_1}}+\mathrm{e}^{-(\xi b)\sqrt{n_1/K_1}}) \tag{3-94}$$
$$+A_1\sqrt{n_1K_1}(\mathrm{e}^{-(\xi b)\sqrt{n_1/K_1}}-\mathrm{e}^{(\xi b)\sqrt{n_1/K_1}})+A_2(\mathrm{e}^{(\xi b)\sqrt{n_1/K_1}}+\mathrm{e}^{-(\xi b)\sqrt{n_1/K_1}})$$

对于岩土体多孔介质，由于有以下性质：

$$\begin{cases}\mathrm{e}^{(\xi b)\sqrt{n_1/K_1}}\to\infty\\ \mathrm{e}^{-(\xi b)\sqrt{n_1/K_1}}\to 0\end{cases} \tag{3-95}$$

于是得

$$\begin{cases}\mathrm{e}^{(\xi b)\sqrt{n_1/K_1}}+\mathrm{e}^{-(\xi b)\sqrt{n_1/K_1}}\approx\mathrm{e}^{(\xi b)\sqrt{n_1/K_1}}\\ \mathrm{e}^{-(\xi b)\sqrt{n_1/K_1}}-\mathrm{e}^{(\xi b)\sqrt{n_1/K_1}}\approx-\mathrm{e}^{(\xi b)\sqrt{n_1/K_1}}\end{cases} \tag{3-96}$$

根据式(3-94)和式(3-96)得到 $B_1+B_2\approx B_2$。类似地，式(3-90)和式(3-91)相减，可得 $B_1-B_2\approx -B_2$。联立 $B_1+B_2\approx B_2$ 和 $B_1-B_2\approx -B_2$，则得 $B_1\approx 0$。类似地，可以得到 $C_2\approx 0$。根据条件 $B_1\approx 0$ 和 $C_2\approx 0$，可求得

$$B_2=\frac{\Delta p(K_1-K_2)}{L\eta}\cdot\frac{\sqrt{n_2K_2}}{\sqrt{n_1K_1}+\sqrt{n_2K_2}} \tag{3-97}$$

$$C_2=-\frac{\Delta p(K_1-K_2)}{L\eta}\cdot\frac{\sqrt{n_1K_1}}{\sqrt{n_1K_1}+\sqrt{n_2K_2}} \tag{3-98}$$

3.3.5 等效渗透系数分析

1. 沿 x 方向渗透系数分析

参照 Darcy 定律形式，沿 x 方向的平均流速可以通过沿路径的积分求得

$$\bar{V}_x=\left(\int_0^{\xi b}v_x\mathrm{d}y+\int_{\xi b}^{b}u_x\mathrm{d}y+\int_{-(H-b)}^{0}w_x\mathrm{d}y\right)\Big/H$$
$$=\frac{B_{12}+\dfrac{\Delta pK_2}{L\eta}\xi b}{H}-\frac{\dfrac{\Delta p}{6L\eta}[b^3-(\xi b)^3]+A_{12}+C_{12}+\dfrac{\Delta pK_2}{L\eta}(H-b)}{H} \tag{3-99}$$

式中，

$$A_{12}=\frac{A_1}{2}[b^2-(\xi b)^2]+A_2(b-\xi b) \tag{3-100}$$

$$B_{12}=\frac{1}{\sqrt{n_2K_2}}\left[(B_1\mathrm{e}^{(\xi b)\sqrt{n_2/K_2}}-B_2\mathrm{e}^{-(\xi b)\sqrt{n_2/K_2}})-(B_1-B_2)\right] \tag{3-101}$$

$$C_{12}=\frac{1}{\sqrt{n_1K_1}}\left\{(C_1-C_2)-\left[C_1\mathrm{e}^{-(H-b)\sqrt{n_1K_1}}-C_2\mathrm{e}^{(H-b)\sqrt{n_1K_1}}\right]\right\} \tag{3-102}$$

将式(3-97)和式(3-98)代入式(3-99)，化简可得

$$\bar{V}_x=\frac{B_{12}+\dfrac{\Delta p}{L\eta}\xi bK_2}{H}-\frac{\dfrac{\Delta p}{6L\eta}b^3(1-\xi^3)+\dfrac{b(1-\xi)}{2}D_{12}+\dfrac{\Delta p}{L\eta}[2(K_1+K_2)+(1+\xi^2)b^2]}{H}+\frac{C_{12}+\dfrac{\Delta p}{L\eta}(H-b)K_2}{H} \tag{3-103}$$

式中，

$$D_{12}=B_1\mathrm{e}^{(\xi b)\sqrt{n_2/K_2}}+B_2\mathrm{e}^{-(\xi b)\sqrt{n_2/K_2}}+C_1\mathrm{e}^{-(H-b)\sqrt{n_1K_1}}-C_2\mathrm{e}^{(H-b)\sqrt{n_1K_1}} \tag{3-104}$$

由于 $\mathrm{e}^{-(H-b)\sqrt{n_2/K_2}}\to 0$， $\mathrm{e}^{-\xi(H-b)\sqrt{n_2/K_2}}\to 0$，将 B_1、B_2、C_1、C_2 代入式(3-104)得

$$v=\frac{\Delta p}{L\eta}\cdot\frac{1}{H}\left\{\frac{K_1^2-K_2^2}{\sqrt{n_1K_1}+\sqrt{n_2K_2}}+K_2\xi b+K_1(H-b)+\frac{b(1-\xi)}{2}(K_1+K_2)+\frac{b^3(1-\xi)^3}{12}\right\} \tag{3-105}$$

式(3-105)可进一步写为

$$v=\frac{\gamma_{\mathrm{w}}}{\eta}\cdot\frac{1}{H}\left\{\frac{K_1^2-K_2^2}{\sqrt{n_1K_1}+\sqrt{n_2K_2}}+K_2\xi b+K_1(H-b)+\frac{b(1-\xi)}{2}(K_1+K_2)+\frac{b^3(1-\xi)^3}{12}\right\}J \tag{3-106}$$

将式(3-106)与 Darcy 定律比较，可得

$$k_x=\frac{\gamma_{\mathrm{w}}}{\eta}\cdot\frac{1}{H}\left\{\frac{K_1^2-K_2^2}{\sqrt{n_1K_1}+\sqrt{n_2K_2}}+K_2\xi b+K_1(H-b)+\frac{b(1-\xi)}{2}(K_1+K_2)+\frac{b^3(1-\xi)^3}{12}\right\} \tag{3-107}$$

利用渗透率 K_x 与渗透系数 k_x 关系 $K_x=k_x\eta/\gamma_{\mathrm{w}}$，可得

$$K_x=\frac{1}{H}\left[\frac{K_1^2-K_2^2}{\sqrt{n_1K_1}+\sqrt{n_2K_2}}+K_2\xi b+K_1(H-b)+\frac{b(1-\xi)}{2}(K_1+K_2)+\frac{b^3(1-\xi)^3}{12}\right] \tag{3-108}$$

在此讨论式(3-108)在无充填裂隙岩体模型、全充填裂隙岩体模型和经典开口立方定律三种特殊工况下的等效渗透率。

对于无充填裂隙岩体模型，充填比$\xi=0$，即裂缝未被充填。此时，渗流模型可以简化为无充填裂隙岩体模型，式(3-108)可以简化为

$$K_x=\frac{1}{H}\left[\frac{b^3}{12}+K_1\left(H-b\right)+\frac{1}{2}K_1b+\frac{K_1^2}{\sqrt{n_1K_1}}\right] \tag{3-109}$$

该结果与前述结果基本一致，这也很好地检验了模型推导的正确性。

对于全充填裂隙岩体模型，充填比$\xi=1$，即裂缝完全被充填。此时，渗流模型可以简化为全充填裂隙岩体模型，式(3-108)可以简化为

$$K_x=\frac{1}{H}\left[\frac{K_1^2-K_2^2}{\sqrt{n_1K_1}+\sqrt{n_2K_2}}+K_1(H-b)+K_2b\right] \tag{3-110}$$

在开口立方定律情况下，充填比$\xi=0$，裂缝未被充填，且裂缝壁面岩石基质为不透水介质。此时，该模型退化到平板窄缝流理论模型，式(3-108)可以简化为

$$K_x=\frac{b^3}{12H} \tag{3-111}$$

该结果与开口立方定律理论表达式一致。

2. 沿y方向渗透系数分析

如图3-6所示，在y方向通过断面的流量相等，则有

$$q_y=q_{\mathrm{w}}=q_{\mathrm{f}}=q_{\mathrm{r}} \tag{3-112}$$

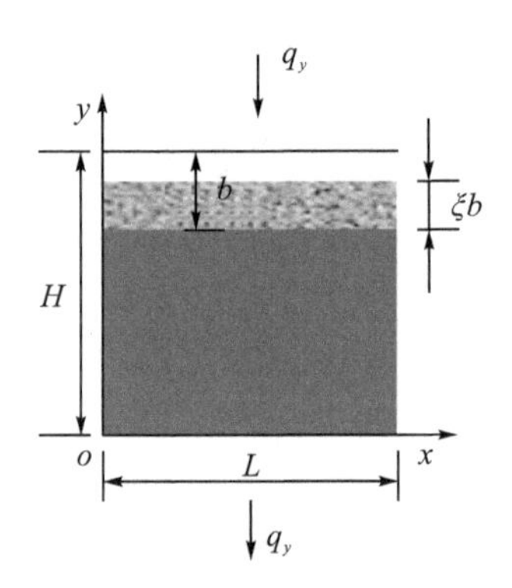

图3-6　y方向水流渗透分析示意图

式(3-112)可以写为

$$k_yJA=k_{\mathrm{w}}J_{\mathrm{w}}A=k_{\mathrm{f}}J_{\mathrm{f}}A=k_{\mathrm{r}}J_{\mathrm{r}}A \tag{3-113}$$

y方向总水头损失等于各层水头损失之和，表示为

$$\Delta h=LJ=(1-\xi)bJ_{\mathrm{w}}+\xi bJ_{\mathrm{f}}+(L-b)J_{\mathrm{r}} \tag{3-114}$$

将式(3-114)代入式(3-113)，求解可得

$$k_y=\frac{L}{\dfrac{(1-\xi)b}{k_{\mathrm{w}}}+\dfrac{\xi b}{k_{\mathrm{f}}}+\dfrac{(L-b)}{k_{\mathrm{r}}}} \tag{3-115}$$

由于 $k_w \to \infty$，于是 y 方向岩体的渗透系数则为

$$k_y = \frac{L}{\dfrac{\xi b}{k_f} + \dfrac{(L-b)}{k_r}} \tag{3-116}$$

由于式(3-116)中的 k_f 和 k_r 分别对应裂缝充填介质和岩石基质的渗透系数，结合渗透率和渗透系数之间的关系式 $K_y = k_y\eta/\gamma_w$，得到 y 方向岩体的渗透率：

$$K_y = \frac{L}{\dfrac{\xi b}{K_2} + \dfrac{(L-b)}{K_1}} \tag{3-117}$$

3.3.6　室内试验验证

参照前述试验方法开展含部分充填裂隙岩体渗流试验。首先在模型箱中间固定一块厚度为 10mm 的泡沫板，再按要求浇筑混凝土。待混凝土满足要求后，连接如图 3-7 所示的试验装置。

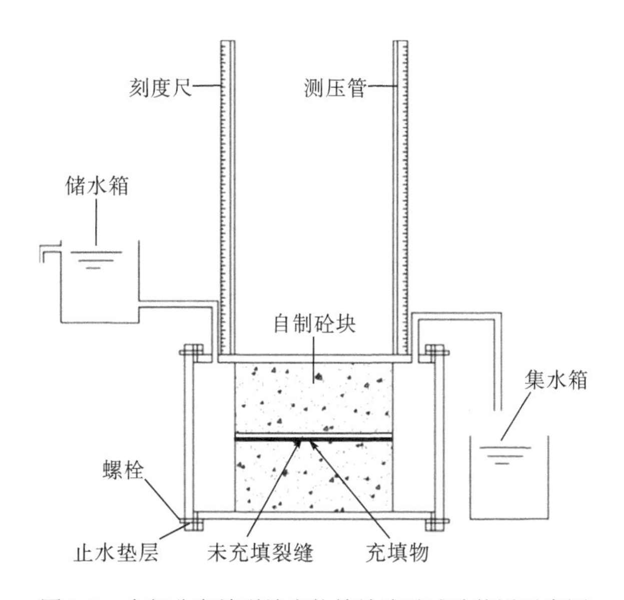

图 3-7　含部分充填裂缝岩体等效渗透试验装置示意图

然后，按照渗透试验规程开展试验，测定混凝土的渗透系数，待渗流稳定后开始记录，测试结果见表 3-9。依据渗透率 K 与渗透系数 k 之间的关系 $K = k\eta/\gamma_w$，计算得到混凝土块的平均渗透率 K_1。

表 3-9 混凝土试件渗透试验测试结果

序号	渗径长度 L/cm	过水面积 A/cm^2	水头差 H/cm	时间 t/s	体积 V/cm^3	渗透系数 k /($\times10^{-4}$ cm/s)	渗透率 K /($\times10^{-9}\ \text{cm}^2$)	平均渗透率 K_1 /($\times10^{-9}\ \text{cm}^2$)
1	20	380	23	3153	600	4.35	4.49	4.70
			20	3144	550	4.60	4.74	
			25	3566	800	4.72	4.86	
2	20	380	22	4054	600	3.54	3.65	3.59
			21	4164	600	3.61	3.72	
			24	3986	600	3.30	3.40	
3	20	380	21	2960	750	6.35	6.54	6.64
			22	3105	850	6.55	6.75	
			20	3062	750	6.45	6.64	

待混凝土试块渗透试验完成后，取出试块间的泡沫板，形成含贯通裂缝岩体。在裂缝一侧分别放置厚度为 1mm、2mm、3mm 的有机玻璃板，选用事先准备好的河砂对贯通裂缝进行填充。此时，在混凝土块两侧安装透水板，控制砂的干密度为 16.14kg/cm^3，填充完成后取出有机玻璃板，形成部分充填裂缝。再次按要求连接如图 3-7 所示试验装置，并进行渗透试验，待渗流稳定后开始记录。试验结果见表 3-10～表 3-12。

表 3-10 含部分充填裂缝岩体等效渗透试验结果($\xi = 0.9$)

序号	渗径长度 L/cm	过水面积 A/cm^2	渗流量 Q/cm^3	水头差 Δh/cm	时间 t/s	渗透系数 k_i/(cm/s)	平均渗透系数 $k_{试验}$/(cm/s)
1	20	400	6000	15	33	0.606	0.592
			6000	20	25	0.600	
			6000	25	21	0.571	
2	20	400	7000	15	39	0.598	0.582
			7000	20	31	0.564	
			7000	25	24	0.583	
3	20	400	8000	15	45	0.593	0.584
			8000	20	34	0.588	
			8000	25	28	0.571	

表 3-11　含部分充填裂缝岩体等效渗透试验结果($\xi = 0.8$)

序号	渗径长度 L/cm	过水面积 A/cm^2	渗流量 Q/cm^3	水头差 Δh/cm	时间 t/s	渗透系数 k_i/(cm/s)	平均渗透系数 $k_{试验}$/(cm/s)
1	20	400	50000	15	47.0	3.58	3.61
			50000	15	45.5	3.70	
			50000	15	49.0	3.55	

表 3-12　含部分充填裂缝岩体等效渗透试验结果($\xi = 0.7$)

序号	渗径长度 L/cm	过水面积 A/cm^2	渗流量 Q/cm^3	水头差 Δh/cm	时间 t/s	渗透系数 k_i/(cm/s)	平均渗透系数 $k_{试验}$/(cm/s)
1	20	400	100000	15	28.0	11.90	11.84
			100000	15	29.0	11.49	
			100000	15	27.5	12.12	

试验完成后，轻轻取出装置中的混凝土块，将其制作成 3 组尺寸为 5cm×5cm×5cm 试块，测定混凝土块的孔隙率。试验结果见表 3-13。

表 3-13　混凝土块孔隙率测试结果

序号	试块体积 $V/(\times10^{-4}\,m^3)$	饱水质量 m_{sat}/kg	烘干质量 m_d/kg	孔隙率 n_t/%	平均孔隙率 n_1/%
1	1.25	284.48	282.29	2.2	n_1=(2.2+2.0)/2=2.1
	1.25	285.71	283.82	2.0	
2	1.25	283.07	281.38	1.7	n_1=(1.7+1.7)/2=1.7
	1.25	283.81	282.13	1.7	
3	1.25	282.49	280.57	1.9	n_1=(2.1+1.9)/2=2.0
	1.25	283.33	281.21	2.1	

通过试验测得混凝土渗透率 K_1 和孔隙率 n_1 以及充填物的渗透率 K_2 和孔隙率 n_2，将这些参数和模型试验中的特征尺寸代入理论公式，得到基于本节理论模型获得的部分充填裂隙岩体等效渗透系数 k_p，结果见表 3-14。

表 3-14　等效渗透试验值与理论值对比分析表

序号	岩块厚度 H/cm	裂隙宽度 b/cm	充填比 ξ	理论值 k_p/(cm/s)	试验值 $k_{试验}$/(cm/s)	误差/%
1	20	1	0.9	0.54	0.586	7.8
2	20	1	0.8	3.32	3.61	8.0
3	20	1	0.7	10.96	11.84	7.4

由表 3-14 可知，基于理论模型得到的理论值与试验值较为接近，理论值略小于试验值。裂隙充填比 ξ 对部分充填裂隙岩体等效渗透特性的影响较为显著，随着 ξ 值减小，试验结果和理论结果均有明显的提高。同时，试验值与理论值有一定的偏差。对试验结果进行分析，认为误差主要来源于：①假设条件较为理想，岩体无限延伸无法实现；②填充物的密实度与孔隙率不能完全达到假设要求；③在试验过程中，由于未完全填充，有少许颗粒位置发生移动。

3.4 含裂隙岩体应力-渗流耦合测试

岩体内部存在大量微裂纹、孔隙、裂隙等结构面，其为地下水提供了储存和流动的场所。一方面水压力的存在降低了岩体的有效应力，从而影响岩体的强度和变形；另一方面地下水渗流以渗透力作用于岩体，使裂隙面的细颗粒物质产生移动，同时使裂隙产生切向变形，岩体中渗流场的改变会影响岩体中应力场的分布，同时应力场的改变使裂隙产生新的变形，从而又影响裂隙岩体的渗透性能，导致渗流场的重新分布，二者相互影响、相互作用。针对应力-渗流耦合下裂隙岩体的渗流特性，学者们做了大量研究，探讨了应力对裂隙岩体渗透特性的影响。

工程岩体中含有大量纵横交错的裂隙，导致了裂隙岩体渗流特性的复杂性。通过试验研究岩体应力-渗流特性是最直接也是很重要的途径，本节主要分析遭受过复杂应力过程的裂隙岩体在应力场环境中的渗流特性，介绍能够反映遭受复杂应力过程后含复杂裂隙岩体的室内制备方法，以及针对裂隙岩体的应力-渗流耦合试验方法；最终基于试验成果，分析应力影响下裂隙岩体渗流变化规律。

3.4.1 含复杂裂隙岩体实验室制备方法

岩体是在一定的地质条件下，由结构面和结构体所组成的具有一定结构特征的地质体。岩体的这一含义包含了三个方面：第一，岩体在地质历史时期遭受过复杂的内外动力地质作用，发育了各种地质构造形迹；第二，岩体由结构面和结构体组成，结构面是指岩体中存在的不同规模、形状的地质界面，诸如裂隙、节理、层理、断层等，结构面的发育程度及组合关系决定着岩体的力学性质；第三，岩体赋存在一定的物理地质环境中，如应力场、地下水渗流场、温度场等，其赋存环境也影响着岩体的力学性质。因此考虑岩体中裂隙形成演化过程中的地质过程及力学条件，结合室内力学试验条件及试验过程，模拟地质力学过程及工程扰动影响下的复杂应力路径，将标准岩块试件制备成含复杂裂隙的岩体试件，如图 3-8 所示。

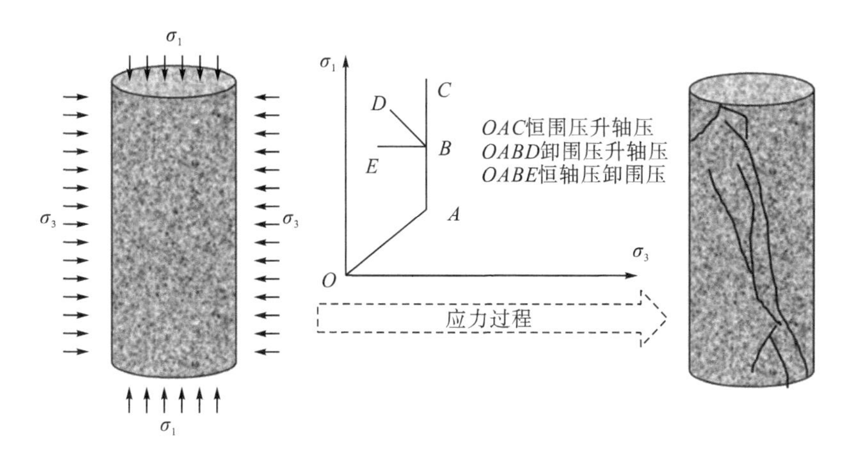

图 3-8　含复杂裂隙岩体制备过程示意图

3.4.2　裂隙岩体应力-渗流耦合试验方法

由于试件在破坏过程中存在端部效应，试验中两端部附件的锥形区域不易产生贯通性破裂面，为保证水能够通过岩石端部进入破裂产生的裂隙网络中进行渗流，采用钻孔法在试件两端各钻一个孔径为 5mm、孔深约 80mm 的钻孔，两个钻孔布置在通过中轴线的同一面上，两孔心间距为 30mm(图 3-9)，目的是使水通过进口端小孔进入试件，通过试件中的裂隙网络流向出口小孔，以在试件中形成渗流场，并与试验机的渗流系统融为一体。

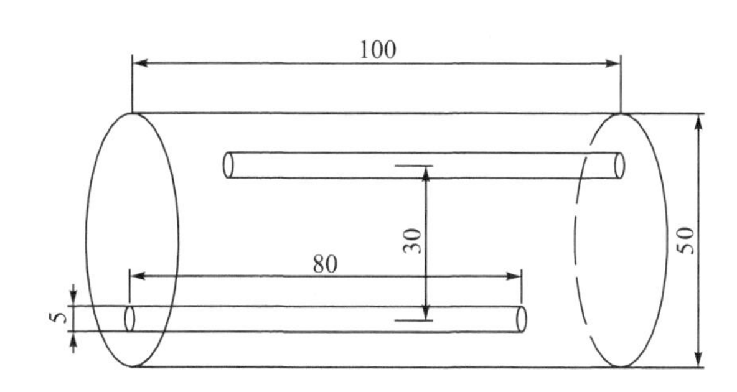

图 3-9　试件钻孔示意图(mm)

将含复杂裂隙的岩体试件置于应力场和渗流场耦合环境中(图 3-10)，通过改变围压 σ_3、轴压 σ_1 来设置不同应力条件，同时改变岩体试件上下端的水压力 P_w 来设置不同的渗流条件，实现应力-渗流耦合作用。裂隙岩体的渗透特性用渗透率表征，采用瞬态法测试裂隙岩体渗透率。其基本原理为：先对试件施加一定的围压 σ_3、轴压 σ_1 及水压 P_w(始终保持 $\sigma_3>P_w$)，然后降低试件一端的水压，使上下端形成渗透压差从而引起渗流，随着渗流的进行压差不断减小，从而根据压差的衰减和时间来计算渗透率。瞬态法测渗透率原理示意图如图 3-11 所示。

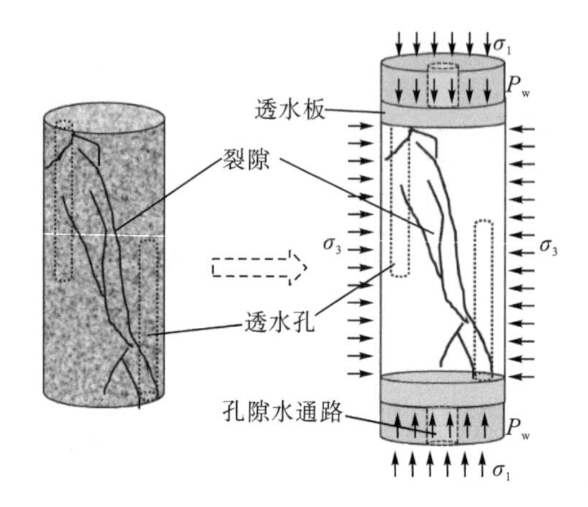

图 3-10 裂隙体应力-渗流耦合状态示意图

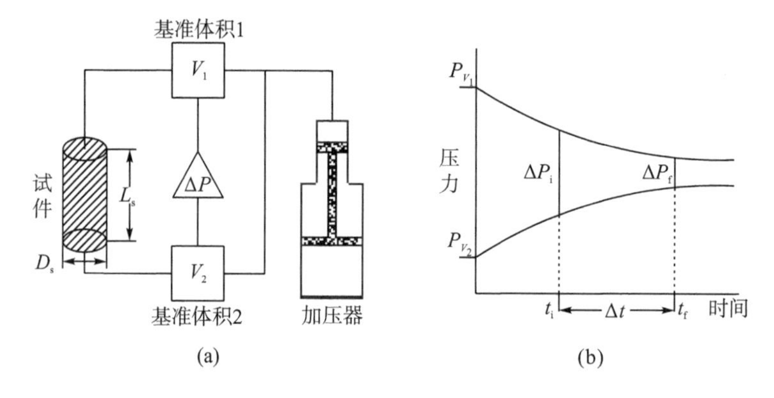

图 3-11 瞬态法测渗透率原理示意图

假定渗流符合达西定律，则渗透率 K 的计算公式如下：

$$K = \upsilon \cdot \beta \cdot V \left[\frac{\ln\left(\dfrac{\Delta P_{\mathrm{i}}}{\Delta P_{\mathrm{f}}}\right)}{2 \cdot \Delta t \left(\dfrac{A_{\mathrm{s}}}{L_{\mathrm{s}}}\right)} \right] \tag{3-118}$$

式中，V 为基准体积(稳压容器的体积)(cm^3)；ΔP_{i} 为初始压差(MPa)；ΔP_{f} 为最终压差(MPa)；Δt 为持续时间(s)；L_{s} 为试样高度(cm)；A_{s} 为横断面面积(cm^2)；υ 为孔隙流体的黏度($10^{-3}\,\mathrm{Pa\cdot s}$)；$\beta$ 为孔隙流体的压缩系数，为 $4.53\times10^{-10}\,\mathrm{Pa}^{-1}$。

3.4.3　应力场中渗流变化规律

裂隙岩体的渗透性及渗流规律不仅与裂隙分布、宽度、粗糙度等有关，与岩体所处的应力状态也密切相关。基于以上应力-渗流耦合试验方法，通过对灰岩、砂岩等试验结果的分析，应力场中裂隙岩体渗透特性变化规律主要表现在三个方面。

1. 偏应力状态对渗透性的影响

渗透率随应变的变化趋势与应力随应变的变化趋势相反，即随着应变增大，渗透率逐渐降低并趋于稳定，如图 3-12 所示。灰岩和粗砂岩在初始偏应力为 0 的状态下渗透率最高，之后随着偏应力增大逐渐降低；当岩体屈服后逐渐趋于稳定，在小范围内波动。在岩体的变形过程中，水主要通过裂隙进行渗流，渗透率的变化机制为：初始状态下($\sigma_1-\sigma_3=0$)，渗透率较高，随着轴向加载、应变增大，岩体中的裂隙被压密，张开度不断减小，导致渗透性降低；继续加载至岩体强度时，偏应力-应变曲线趋于稳定，岩体的渗透率亦趋于稳定，但随着岩体沿破裂面的微小错动呈小幅波动。

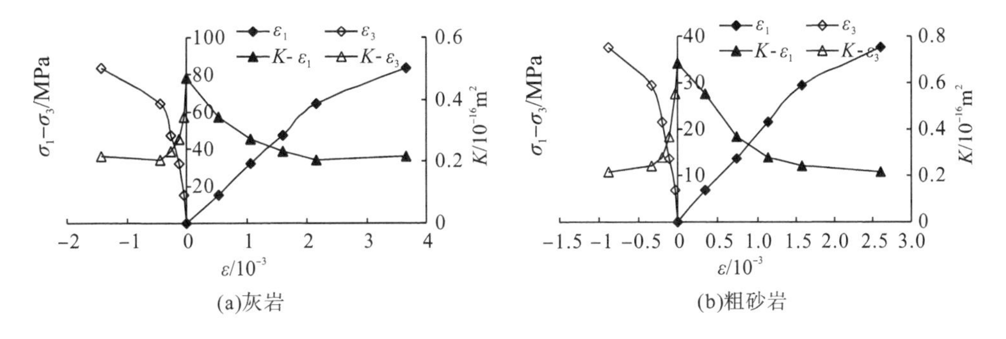

图 3-12　裂隙岩体典型($\sigma_1-\sigma_3$)-ε、K-ε 关系曲线

2. 围压对渗透性的影响

岩体的渗透率在荷载作用过程中随应力不断发生变化，当应力达到岩体强度后，渗透率逐渐趋于稳定。这一稳定值具有显著的围压效应，在相同渗透压力下其值随围压升高而降低，且与围压具有较好的函数关系，如图 3-13 所示。如灰岩渗透率 K 和围压 σ_3 呈幂函数的关系，随着围压的升高，渗透率的降低幅度逐渐减小；粗砂岩的渗透率 K 和围压 σ_3 之间则具有较好的线性关系。

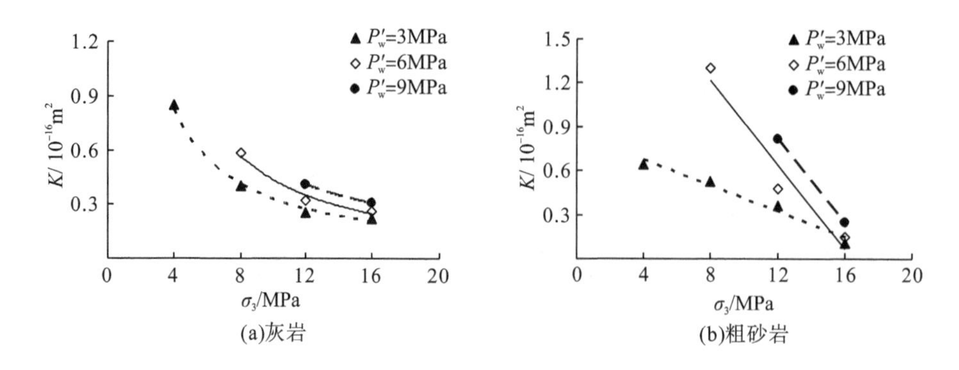

(a)灰岩　　(b)粗砂岩

图 3-13　裂隙岩体 K-σ_3 关系曲线

3. 水压对渗透性的影响

在相同的应力条件下，水压也是影响裂隙岩体渗透性的关键因素。裂隙岩体的渗透率随水压升高而增大。以灰岩和粗砂岩为例(图 3-14)，基于试验结果的统计分析，裂隙岩体渗透率与水压呈指数函数关系，即：

$$K=\alpha e^{\lambda P_w} \tag{3-119}$$

式中，α、λ 为关系系数；K 为渗透率；P_w 为水压。

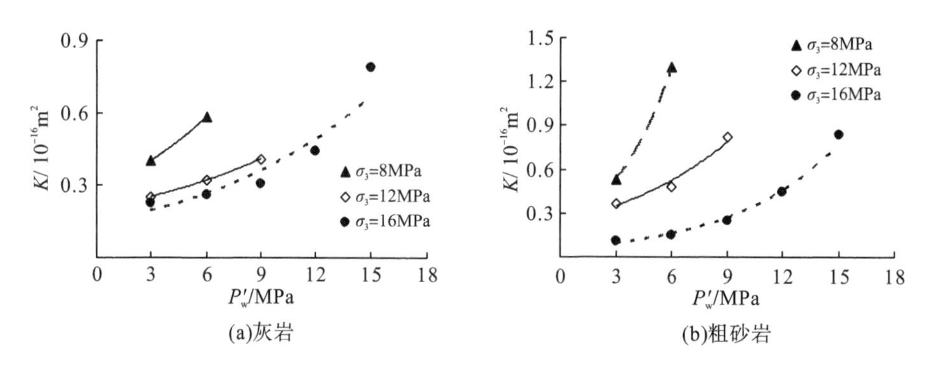

(a)灰岩　　(b)粗砂岩

图 3-14　裂隙岩体 K-P_w 关系曲线

3.4.4　含裂隙岩体破坏全过程渗透性演化规律

1. 细砂岩破坏全过程渗透性演化规律

为探讨细砂岩变形破坏过程中的渗透性演化规律，采用 MTS 815 岩石力学试验系统，利用 3.4.2 节所述试验方法，对细砂岩进行三轴压缩条件下的渗透性试验，分析岩体破坏全过程中渗透率的变化规律、渗透率-应变关系，并采用 PAC PCI-2 声发射测试工作站，研究声发射特征及其与渗透性之间的关系。具体结果如下。

1) 应力-应变全过程渗透性演化规律

不同围压下细砂岩变形破坏过程中的渗透率均随应力-应变关系曲线呈阶段性变化，如图 3-15 所示。应力-应变曲线峰值之前，细砂岩的渗透性极小，在试验历时内并未表现出明显的渗透性。这是由于在初始变形和弹性变形阶段，渗流通道主要为孔隙及原有的微裂纹，连通性差，屈服后岩石内新的裂纹产生并发展，但在峰值应力前连通性仍较差，水主要通过孔隙及微裂纹渗流，表现出很低的渗透性。峰后渗透率急剧增大，因为岩石进入非稳定破坏阶段后裂纹急剧发展，相互贯通，形成宏观破裂，此时渗流通道主要为连通的裂隙，渗透性显著增强。残余阶段岩石内应力重新分布，裂隙扩展变缓，渗透率的变化也趋于平缓。

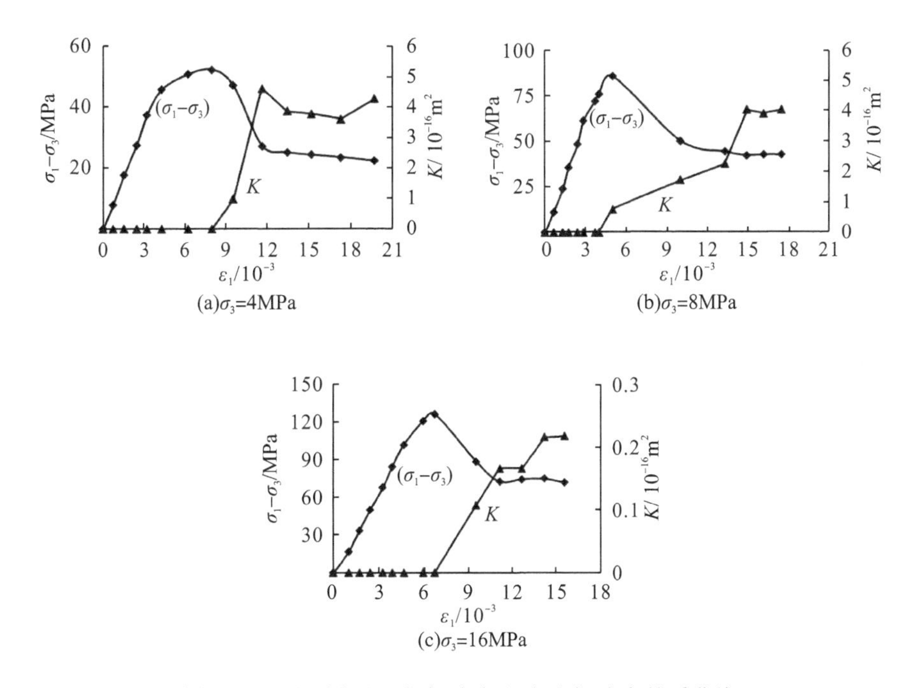

图 3-15　不同围压下应力-应变和渗透率-应变关系曲线

2) 声发射特征与渗透性的关系

由于裂纹在萌生和发展的过程中能量会以弹性波的形式瞬间释放，即产生声发射信号，因此可以通过声发射无损监测技术来分析岩石的渗透性与岩石破坏过程的对应关系。图 3-16 给出了细砂岩变形破坏过程中的声发射特征参数(振铃计数率和能量率)及应力随时间的演化特征曲线，其中振铃计数率仅以围压 4MPa 条件下的为例。

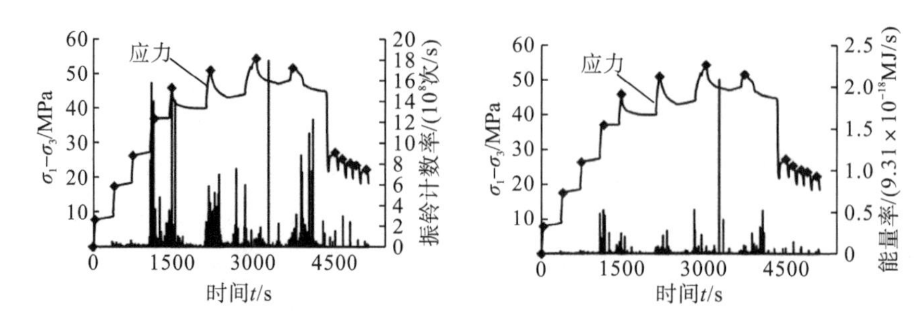

图 3-16 细砂岩变形破坏过程中声发射特征图

细砂岩变形破坏过程中的声发射与岩石应力-应变曲线具有阶段性对应关系，且与岩石的渗透性也具有很好的相关性。在屈服应力前，应力加载及稳载过程对应的振铃计数率和能量率均很小，对应的岩石渗透率很低，因为该阶段主要是原有的损伤发生闭合，没有新的损伤形成，渗流通道主要为孔隙及原有的微裂纹，连通性差，所以岩石的渗透性很小。屈服应力后，加载过程对应的振铃计数率和能量率均大幅增大，由于测试渗透率时由轴向应变来控制轴向荷载，所以轴向应力出现松弛现象，对应的振铃计数率和能量率很小，该阶段新的裂纹不断萌生和发展，导致声发射信号增多，但裂纹发展速度较缓，规模较小，释放的能量较小，由于渗透性滞后于裂纹的发展，所以对应的渗透率仍很小。峰值应力后，振铃计数率和能量率均出现大幅度增大，对应的渗透率也显著增大，在应力下降过程中振铃计数率和能量率逐渐降低，对应的渗透率则急剧增大。这是因为应力达到岩石的承载极限后，裂纹急剧发展、相互贯通，形成宏观破裂，连通的裂隙成为主要渗流通道，岩石的渗透性显著增大，轴向荷载继续作用时裂隙不断扩展，导致渗透率继续增大。残余应力后，加载过程中的振铃计数率和能量率明显降低，稳载过程中二者几乎为零，对应的渗透率变化趋于平缓。该阶段振铃计数率和能量率的降低一方面是由于宏观破裂已经形成，岩石内裂隙的发展速度变缓；另一方面是由于岩石渗透性增大，水对岩石的软化作用减弱了声发射现象。

2. 含裂隙灰岩和粗砂岩渗透性演化规律

采用 3.4.1 节中的裂隙岩体制备方法制备了含裂隙灰岩和粗砂岩试件(图 3-17)，然后利用 3.4.2 节中的应力-渗流耦合试验方法，开展了含裂隙灰岩和粗砂岩的应力渗流耦合试验，分析了不同应力状态下裂隙岩体的渗透率演化规律。主要结果如下。

图 3-17　含裂隙灰岩和含裂隙粗砂岩试件

1) 含裂隙岩体应力-应变过程中的渗透率演化规律

与完整岩石一样，含裂隙岩体的渗透率-应变曲线与应力-应变曲线密切相关，而含裂隙岩体的渗透率演化与完整岩石不同。如图 3-18 所示，在屈服应力之前，裂隙岩石的渗透率随着应力和应变的增加而减小，然后趋于稳定。结果表明，岩石中的裂缝在应力-应变过程中逐渐压实。含裂隙岩体的渗透率与裂隙分布等空间几何特征密切相关。结合图 3-17 给出的含裂隙灰岩和粗砂岩，主裂隙与轴向相交角度较大，具有明显的压剪特征。因此，裂隙在轴向应力作用下明显压实的空间几何特征可以解释裂隙轴向变形远大于侧向变形的变形特征和渗透率随应变增加而减小的演化规律。

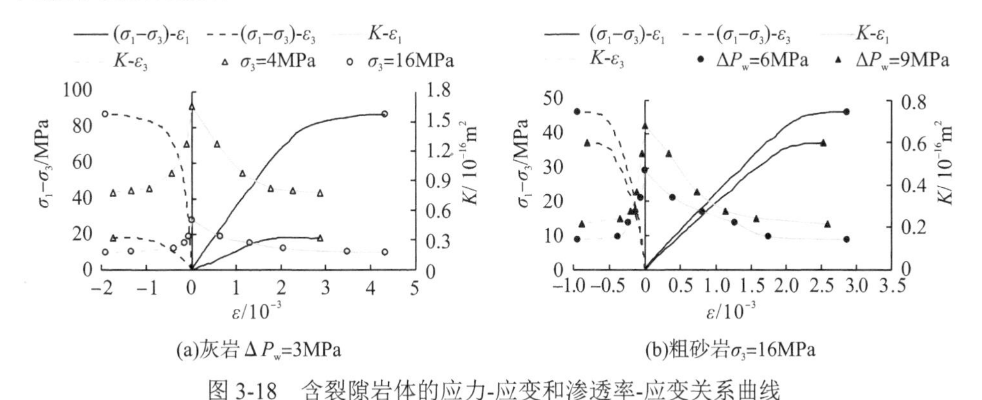

图 3-18　含裂隙岩体的应力-应变和渗透率-应变关系曲线

2) 含裂隙岩体渗透率与轴向应变的关系

为了对具有图3-17所示空间几何特征的裂隙岩体渗透率与应变的关系有新的认识，考虑其轴向变形大于横向变形且试件体积大部分被压缩的变形特征，分析了屈服应力前渗透率 K 与轴向应变 ε_1 的相关性(图 3-19)。结果表明渗透率与轴向应变呈负指数关系，函数如下：

$$K=\alpha e^{\beta\varepsilon_1} \tag{3-120}$$

式中，K 为渗透率；α 和 β 为相关系数，$\beta<0$。不同围压和水压差下的 α 和 β 值见表 3-15，其中 R^2 为相关系数。α 值为 $\sigma_1=\sigma_3$ 条件下裂隙岩石的初始渗透率，在一定围压下，初始渗透率随着初始水压差 ΔP_w 的增大而增大，但随着围压 σ_3 的增大而减小。

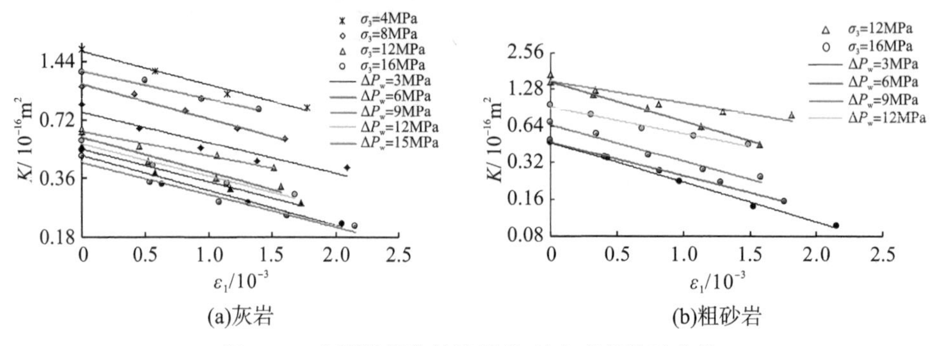

图 3-19　含裂隙岩体的渗透率-轴向应变关系曲线

表 3-15　相关系数 α 和 β

试件	σ_3/MPa	ΔP_w/MPa	α	β	R^2
含裂隙灰岩	4	3	1.6198	−0.395	0.98
	8	3	0.7886	−0.363	0.91
	8	6	1.1097	−0.414	0.98
	12	3	0.5069	−0.386	0.98
	12	6	0.5901	−0.414	0.93
	12	9	0.6355	−0.293	0.97
	16	3	0.4705	−0.414	0.97
	16	9	0.4379	−0.382	0.97
	16	12	0.5422	−0.383	0.98
	16	15	1.2956	−0.334	0.97
含裂隙粗砂岩	4	3	7.3046	−1.925	1.00
	12	3	1.4706	−0.545	1.00
	12	6	1.4892	−0.743	1.00
	12	9	1.5137	−0.412	0.90
	16	3	0.4664	−0.747	1.00
	16	6	0.4754	−0.636	1.00
	16	9	0.6651	−0.691	0.97
	16	12	0.9209	−0.498	0.98
	16	15	1.0832	−0.2	0.98

3) 含裂隙岩体渗透率与应力状态的关系

用平均应力 $\sigma_m[\sigma_m=(\sigma_1+2\sigma_3)/3]$表示裂隙岩体的应力状态，在工程中容易求出 σ_1 和 σ_3 的值，分析了渗透率 K 与平均应力 σ_m 的关系，结果表明渗透率随平均应力的增大而减小。通过分析渗透率 K 与平均应力 σ_m 之间的相关性，建立渗透率 K 与平均应力 σ_m 之间的幂函数关系(图 3-20 和图 3-21)。函数如下：

$$K=\gamma\sigma_m^{\eta} \tag{3-121}$$

式中，K 为渗透率；γ 和 η 为相关系数，$\eta<0$。渗透率 K 与平均应力 σ_m 的幂函数关系表明，在低应力水平下，渗透率下降较快，然后趋于平缓。渗透率随平均应力的变化与裂隙变形密切相关。在较低应力水平下，裂隙张开度随着应力的增大而显著减小，渗透率急剧降低；而在较高应力水平下，裂隙张开度变化不明显，渗透率趋于稳定。

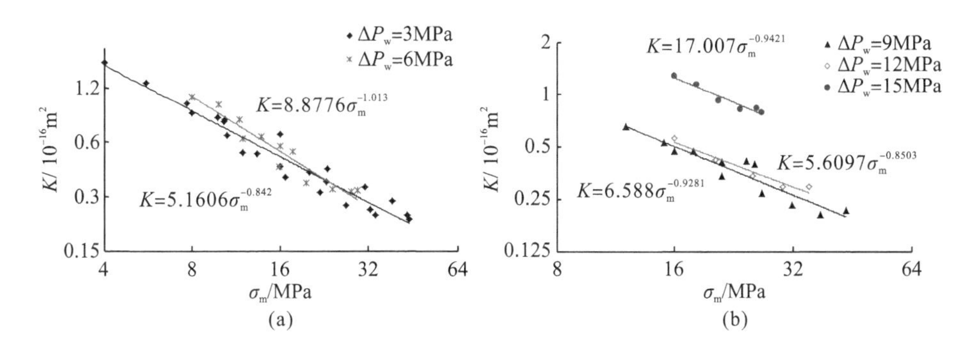

图 3-20　含裂隙灰岩的渗透率-平均应力关系曲线

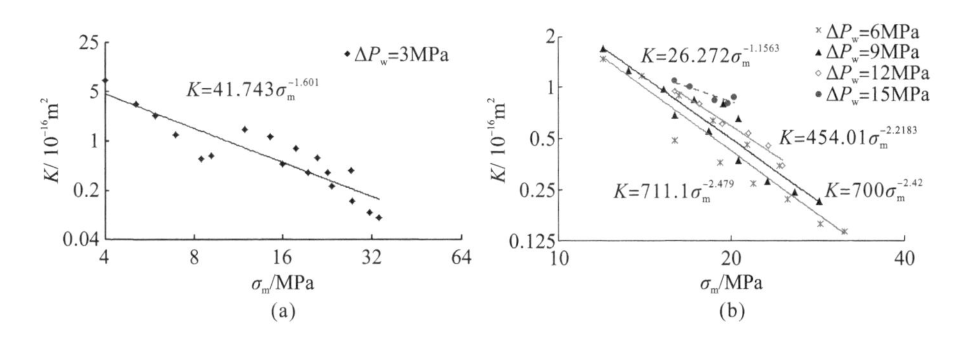

图 3-21　含裂隙粗砂岩的渗透率-平均应力关系曲线

第4章　岩石基质渗流耦合管道自由流

自然界中，受地壳运动、地质演化、化学侵蚀等长期作用，天然岩体也广泛分布着贯通的管道缝(如岩溶通道)。对于含贯通管道岩体，根据管道的填充程度不同，可分为无充填贯通管道岩体和部分充填贯通管道岩体。本章主要分析含贯通管道岩体的流场特性，并考虑主要渗透贯通管道对岩体渗透特性的影响。

4.1　无充填贯通管道流场特性

水流在含管道天然岩体中的运动是三维的。由于岩体结构的复杂性，难以对岩体内部复杂管道水流运动进行真实描述。为了能对含管道岩体内水流运动进行理论描述，将含贯通管道的岩体模型概化为如图 4-1 所示的管道流。管道内流体为纯水流，管道被孔隙度为 n、渗透率为 K 的各向同性岩体包围，管道截面为规则的圆面。岩体模型半径为 R，管道半径为 R_0。图 4-1 所示模型在 x 方向的长度为 L。

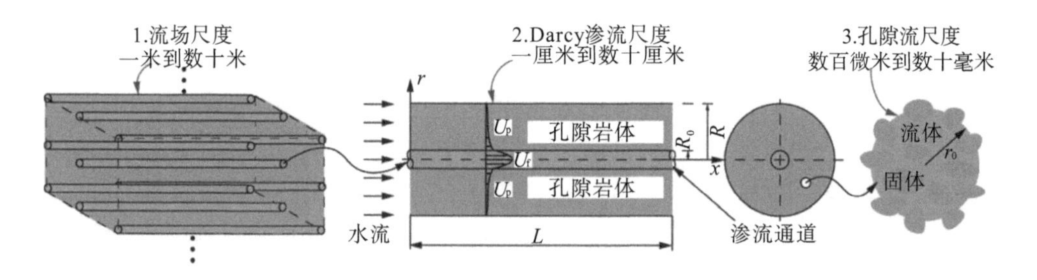

图 4-1　无充填岩体管道模型

对图 4-1 所示的模型，基于以下假设进行理论分析。

(1) 水流只沿 x 方向流动，且沿 x 方向无限延伸。

(2) 流体不可压缩，在通道内充分发展层流。

(3) 忽略沿程水头损失和进出口边界的影响。

(4) 管道为对称周期分布，管道截面为规则圆形。

(5) 管道周围岩石基质为各向同性多孔介质。

4.1.1　贯通管道中水流的流速

管道内不可压缩的纯水流满足连续性方程，写为

$$\frac{\partial u_{\mathrm{fx}}}{\partial x}+\frac{\partial u_{\mathrm{fy}}}{\partial y}+\frac{\partial u_{\mathrm{fz}}}{\partial z}=0 \tag{4-1}$$

式中，u_{fx}、u_{fy}、u_{fz} 分别是纯水流在 x、y 和 z 方向的流速 (LT^{-1})。

纯水流在管道中的运动用 N-S 方程描述：

$$f-\frac{1}{\rho}\nabla p+\upsilon\nabla^2\boldsymbol{u}_{\mathrm{f}}=(\boldsymbol{u}_{\mathrm{f}}\cdot\nabla)\boldsymbol{u}_{\mathrm{f}} \tag{4-2}$$

式中，f 为水流惯性力 (MLT^{-2})；ρ 为水的密度 (ML^{-3})；p 为水压 $(\mathrm{ML}^{-1}\mathrm{T}^{-2})$；$\upsilon$ 为水流运动黏度 $(\mathrm{L}^2\mathrm{T}^{-1})$；$\boldsymbol{u}_{\mathrm{f}}$ 为管道中纯水流的速度，即 $\boldsymbol{u}_{\mathrm{f}}=(u_{\mathrm{fx}},\ u_{\mathrm{fy}},\ u_{\mathrm{fz}})$；$\nabla$ 为 Hamilton 算子。

在 x 方向，式(4-2)可以展开为

$$\begin{aligned}&f_x-\frac{1}{\rho}\cdot\frac{\partial p}{\partial x}+\upsilon\left(\frac{\partial^2 u_{\mathrm{fx}}}{\partial x^2}+\frac{\partial^2 u_{\mathrm{fx}}}{\partial y^2}+\frac{\partial^2 u_{\mathrm{fx}}}{\partial z^2}\right)\\&-\left(u_{\mathrm{fx}}\frac{\partial u_{\mathrm{fx}}}{\partial x}+u_{\mathrm{fy}}\frac{\partial u_{\mathrm{fx}}}{\partial y}+u_{\mathrm{fz}}\frac{\partial u_{\mathrm{fx}}}{\partial z}\right)=\frac{\partial u_{\mathrm{fx}}}{\partial t}\end{aligned} \tag{4-3}$$

式中，f_x 为管道中纯水流在 x 方向的惯性力 (MLT^{-2})；p 为在 x 方向的水压 $(\mathrm{ML}^{-1}\mathrm{T}^{-2})$。

根据基本假设，水流在管道中处于层流状态，流体只沿 x 方向流动。因此，水流沿 y、z 方向的速度 u_{fy}、u_{fz} 均为 0，记为 $u_{\mathrm{fy}}=0$、$u_{\mathrm{fz}}=0$。相应地，在 y 和 z 方向的速度偏导数为 0，即：

$$\frac{\partial u_{\mathrm{fy}}}{\partial y}=0 \tag{4-4}$$

$$\frac{\partial u_{\mathrm{fz}}}{\partial z}=0 \tag{4-5}$$

将式(4-4)和式(4-5)代入式(4-3)，得到速度在 x 方向的偏导数为 0，即

$$\frac{\partial u_{\mathrm{fx}}}{\partial x}=0 \tag{4-6}$$

由式(4-6)可知，流速在 x 方向的二阶偏导数也为 0，因此有

$$\frac{\partial^2 u_{\mathrm{fx}}}{\partial x^2}=0 \tag{4-7}$$

由于惯性力只包含重力项，沿 x 方向为 0，因此得

$$f_x = 0 \tag{4-8}$$

另外，管道中的水流假定是恒定流，水流速度不随时间变化，因此有

$$\frac{\partial u_{fx}}{\partial t} = 0 \tag{4-9}$$

将式(4-4)～式(4-9)代入式(4-3)，得到纯水流在管道中的控制方程为

$$\frac{\partial p}{\partial x} = \eta_f \left(\frac{\partial^2 u_{fx}}{\partial y^2} + \frac{\partial^2 u_{fx}}{\partial z^2} \right) \tag{4-10}$$

式中，η_f 为水流的动力黏度，且 $\eta_f = \upsilon\rho$。

由于无限长管道充分发展流的水压在 x 方向的变化速率与 x 无关，则：

$$\frac{\partial p}{\partial x} = \frac{dp}{dx} = -\frac{\Delta p}{L} \tag{4-11}$$

水流在管道中沿 x 方向具轴对称特性。于是，式(4-10)中的括号项可以写为柱坐标形式：

$$\frac{\partial^2 u_{fx}}{\partial y^2} + \frac{\partial^2 u_{fx}}{\partial z^2} = \frac{\partial^2 u_{fx}}{\partial r^2} + \frac{1}{r}\frac{\partial u_{fx}}{\partial r} + \frac{\partial^2 u_{fx}}{\partial \theta^2}\frac{1}{r^2} \tag{4-12}$$

在管道中，纯水流的速度分布是轴对称的，则有

$$\frac{\partial u_{fx}}{\partial \theta} = 0 \tag{4-13}$$

将式(4-11)～式(4-13)代入式(4-10)，纯水流在管道中的控制方程变为

$$\eta_f \left(\frac{d^2 u_{fx}}{dr^2} + \frac{1}{r} \cdot \frac{du_{fx}}{dr} \right) - \frac{dp}{dx} = 0 \tag{4-14}$$

4.1.2 岩石基质中渗流的流速

岩石基质渗流流体满足连续性方程，记为

$$\frac{\partial u_{px}}{\partial x} + \frac{\partial u_{py}}{\partial y} + \frac{\partial u_{pz}}{\partial z} = 0 \tag{4-15}$$

式中，u_{px}、u_{py}、u_{pz} 分别是渗流在流体 x、y、z 方向的流速(LT^{-1})。

岩石基质渗流运动 Brinkman-Darcy 方程，记为

$$n\rho \boldsymbol{f} - n\nabla \boldsymbol{p} + \eta_f \nabla^2 \boldsymbol{u}_p - n\frac{\eta_f}{K}\boldsymbol{u}_p = \rho(\boldsymbol{u}_p \cdot \nabla)\boldsymbol{u}_p \tag{4-16}$$

式中，n 为孔隙率(无量纲)；K 为渗透率(L^2)；$\boldsymbol{f}$ 为惯性力；$\boldsymbol{p}$ 为压强；$\boldsymbol{u}_p$ 为渗流速度，即 $\boldsymbol{u}_p=(u_{px}, u_{py}, u_{pz})$。

在 x 方向，结合式(4-15)的连续性方程，可展开式(4-16)为

$$\begin{aligned}&n\rho f_x-n\frac{\eta_f}{K}u_{px}-n\frac{\partial p}{\partial x}+\eta_f\left(\frac{\partial^2 u_{px}}{\partial x^2}+\frac{\partial^2 u_{px}}{\partial y^2}+\frac{\partial^2 u_{px}}{\partial z^2}\right)\\&=\rho\left(u_{px}\frac{\partial u_{px}}{\partial x}+u_{py}\frac{\partial u_{px}}{\partial y}+u_{pz}\frac{\partial u_{px}}{\partial z}\right)\end{aligned}\tag{4-17}$$

类似纯水流控制方程简化方式，岩石基质渗流的控制方程可简化为

$$\eta_f\left(\frac{d^2u_{px}}{dr^2}+\frac{1}{r}\cdot\frac{du_{px}}{dr}\right)-n\frac{dp}{dx}-n\frac{\eta_f}{K}u_{px}=0\tag{4-18}$$

4.1.3　边界条件及解析解

为了简化水流运动控制方程的表达式，在此引入无量纲参数来表示各物理量的关系：

$$\begin{cases}\zeta=r/R\\M=\eta_{eff}/\eta_f=1/n\\Da=K/R^2\\S=1/\sqrt{MDa}\\U=(u\eta_f)/GR^2\end{cases}\tag{4-19}$$

式中，ζ 为相对位置系数；M 为黏度比；η_{eff} 为流体通过岩体的有效黏度($ML^{-1}T^{-1}$)；Da 为达西数；S 为岩体内颗粒形状参数；U 为无量纲速度；G 为动水压力在 x 方向的变化率，G 是一个常数，即 $G=-\partial p/\partial x=-dp/dx=\Delta p/L$。

将式(4-19)中的无量纲参数代入式(4-14)和式(4-18)，分别得到管道中纯水流运动和岩石基质渗流运动控制方程的无量纲形式：

$$\frac{d^2U_f}{d\zeta^2}+\frac{1}{\zeta}\frac{dU_f}{d\zeta}+1=0\tag{4-20}$$

$$\frac{d^2U_p}{d\zeta^2}+\frac{1}{\zeta}\frac{dU_p}{d\zeta}+\frac{1}{M}-S^2U_p=0\tag{4-21}$$

式中，U_f、U_p 分别为管道中纯水流运动、岩石基质渗流运动的无量纲速度。

求解式(4-20)和式(4-21)可得

$$U_{\mathrm{f}}=-\frac{1}{4}\zeta^{2}+\lambda_{1}\ln\zeta+\lambda_{2}\quad(\zeta\in[0,\gamma])\tag{4-22}$$

$$U_{\mathrm{p}}=\frac{1}{MS^{2}}+\varphi_{1}I_{0}(S\zeta)+\varphi_{2}K_{0}(S\zeta)\quad(\zeta\in[\gamma,1])\tag{4-23}$$

式中，λ_1、λ_2、φ_1、φ_2为待求系数；I_n为n阶修正贝塞尔函数(Bessel function)的第一类($n=0, 1$)；K_n为n阶修正贝塞尔函数的第二类($n=0, 1$)。修正贝塞尔函数的定义为

$$I_{n}(x)=\sum_{m=1}^{\infty}\frac{1}{m!\Gamma(m+n+1)}\left(\frac{x}{2}\right)^{2m+n}\tag{4-24}$$

$$K_{n}(x)=\frac{\pi}{2}\cdot\frac{[I_{-n}(x)-I_{n}(x)]}{\sin(n\pi)}\tag{4-25}$$

式中，Γ为伽马函数(Gamma function)。

含贯通管道岩体模型，在柱坐标系下，相应的边界条件说明如下。

(1)在管道中心$\zeta=0$处，管道内纯水流的速度最大，此点速度的导数为0，记为

$$\frac{\mathrm{d}U_{\mathrm{f}}}{\mathrm{d}\zeta}=0\tag{4-26}$$

(2)在纯水流与多孔岩体交界面$\zeta=\gamma=R_0/R$处(γ为导管的相对孔径)速度连续，但是剪应力发生跳跃，即

$$U_{\mathrm{f}}=U_{\mathrm{p}}\tag{4-27}$$

$$M\frac{\mathrm{d}U_{\mathrm{p}}}{\mathrm{d}\zeta}-\frac{\mathrm{d}U_{\mathrm{f}}}{\mathrm{d}\zeta}=\frac{\beta}{\sqrt{Da}}U_{\mathrm{p}}\tag{4-28}$$

式中，β为应力跃变系数。

(3)在岩石最远边缘处$\zeta=1$，相应地，岩体的渗流速度接近于0，记为

$$U_{\mathrm{p}}=0\tag{4-29}$$

将式(4-26)～式(4-29)代入式(4-22)和式(4-23)得到λ_1、λ_2、φ_1、φ_2的表达式：

$$\lambda_{1}=0\tag{4-30}$$

$$\begin{aligned}\lambda_{2}=&\frac{1}{4}\frac{-\gamma(2\sqrt{Da}+\beta\gamma)b_{2}}{\sqrt{Da}MSb_{1}-4\beta b_{2}}+\frac{1}{4}\frac{\sqrt{Da}K_{1}(S\gamma)[-4I_{0}(S\gamma)+(4+MS^{2}\gamma^{2})I_{0}(S)]}{\sqrt{Da}MS^{2}b_{1}-4S\beta b_{2}}\\&+\frac{1}{4}\frac{\sqrt{Da}I_{1}(S\gamma)[(4+MS^{2}\gamma^{2})K_{0}(S)-4K_{0}(S\gamma)]}{\sqrt{Da}MS^{2}b_{1}-4S\beta b_{2}}\end{aligned}\tag{4-31}$$

$$\varphi_1 = -\frac{2\beta[K_0(S\gamma) - K_0(S)] + \sqrt{Da}MS[S\gamma K_0(S) + 2K_1(S\gamma)]}{2\sqrt{Da}M^2S^3b_1 - 2MS^2\beta b_2} \tag{4-32}$$

$$\varphi_2 = \frac{2\beta[I_0(S\gamma) - I_0(S)] + \sqrt{Da}MS[S\gamma I_0(S) - 2I_1(S\gamma)]}{2\sqrt{Da}M^2S^3b_1 - 2MS^2\beta b_2} \tag{4-33}$$

式中，b_1 和 b_2 是中间变量，对应的表达如下：

$$b_1 = I_1(S\gamma)K_0(S) + K_1(S\gamma)I_0(S) \tag{4-34}$$

$$b_2 = I_0(S\gamma)K_0(S) - K_0(S\gamma)I_0(S) \tag{4-35}$$

4.1.4　等效渗透系数分析

沿 x 方向，含管道的岩体多孔介质模型中的纯水流、渗流流量计算如下：

$$Q_{\mathrm{f}} = \int U_{\mathrm{f}}\mathrm{d}A_{\mathrm{f}} = \int_0^{\gamma} U_{\mathrm{f}}\mathrm{d}(\pi\zeta^2) = \pi\left(-\frac{1}{8}\gamma^4 + \lambda_2\gamma^2\right) \tag{4-36}$$

$$Q_{\mathrm{p}} = \int U_{\mathrm{p}}\mathrm{d}A_{\mathrm{p}} = \int_{\gamma}^{1} U_{\mathrm{p}}\mathrm{d}(\pi\zeta^2) = \frac{\pi(1-\gamma^2)}{MS^2} + \frac{2\pi\{\varphi_1[I_1(S) - \gamma I_1(S\gamma)] - \varphi_2[K_1(S) - \gamma K_1(S\gamma)]\}}{S} \tag{4-37}$$

式中，Q_{f} 为纯水流流量；Q_{p} 为渗流流量；A_{f} 为纯水流过水面积；A_{p} 为渗流过水面积。

模型中沿 x 方向的平均速度 U_{A} 可表示为

$$U_{\mathrm{A}} = \frac{Q_{\mathrm{f}} + Q_{\mathrm{p}}}{A} = \left(-\frac{1}{8}\gamma^4 + \lambda_2\gamma^2 + \frac{1-\gamma^2}{MS^2}\right) + \frac{2\{\varphi_1[I_1(S) - \gamma I_1(S\gamma)] - \varphi_2[K_1(S) - \gamma K_1(S\gamma)]\}}{S} \tag{4-38}$$

式中，A 为总过水面积。

进水和出水之间的水头差 $\Delta H = \Delta p/\gamma_{\mathrm{w}}$，$\gamma_{\mathrm{w}}$ 是水的容重，$\gamma_{\mathrm{w}} = \rho g$。水力梯度 i 可以写为如下形式：

$$i = \frac{\Delta H}{L} = \frac{\Delta p}{\rho g L} \tag{4-39}$$

在 x 方向含管道岩体的无量纲等效渗透系数 $k_{\mathrm{d}x}$ 可类似用 Darcy 定律表示：

$$k_{\mathrm{dx}}=\frac{U_{\mathrm{A}}}{i} \tag{4-40}$$

将式(4-38)和式(4-39)代入式(4-40)，得到 k_{dx} 解析解：

$$\begin{aligned}k_{\mathrm{dx}}&=\frac{\rho gL}{\Delta p}\left(-\frac{1}{8}\gamma^4+\lambda_2\gamma^2+\frac{1-\gamma^2}{MS^2}\right)\\&+\frac{2\rho gL}{\Delta pS}\{\varphi_1[I_1(S)-\gamma I_1(S\gamma)]-\varphi_2[K_1(S)-\gamma K_1(S\gamma)]\}\end{aligned} \tag{4-41}$$

通过式(4-19)将无量纲速度 U_{A} 转化为带量纲速度 u_{A}：

$$u_{\mathrm{A}}=\frac{U_{\mathrm{A}}\Delta pR^2}{\eta_{\mathrm{f}}L} \tag{4-42}$$

将式(4-42)代入式(4-41)和式(4-40)，得到在 x 方向含管道岩体带量纲的等效渗透系数 k_x 解析解：

$$\begin{aligned}k_x&=R^2\frac{\rho g}{\eta_{\mathrm{f}}}\left(-\frac{1}{8}8\gamma^4+\lambda_2\gamma^2+\frac{1-\gamma^2}{MS^2}\right)\\&+2R^2\frac{\rho g}{S\eta_{\mathrm{f}}}\{\varphi_1[I_1(S)-\gamma I_1(S\gamma)]-\varphi_2[K_1(S)-\gamma K_1(S\gamma)]\}\end{aligned} \tag{4-43}$$

4.1.5 无充填管道模拟试验

设计图 4-2 所示试验装置来验证所推导的无充填管道岩体等效渗透系数 k_x 解析解。在该装置中，恒位水箱可以为渗水过程提供恒定的水压。该装置的主要渗流过程发生在一个圆柱形有机玻璃箱中。箱体的长度为 250mm、半径为 100mm。箱子的入口处有两个孔，其中一个孔与恒位水箱相连，另一个孔用于安装测压计。箱体出口连接有尺寸为 50mm×200mm×210mm 的排水箱。为了在渗流过程中保持进出口水压差恒定，在排水箱内设计了一个高度为 200mm 的自动排水器。值得注意的是，测压管中的水压差是渗流装置进出口之间的压差。

用碎石(直径 3～6mm)和水泥浇筑成混凝土来模拟多孔岩体。在混凝土中预留了一根圆柱形玻璃棒来模拟管道。在渗透试验开始前，混凝土在 4 种工况下浇筑(图 4-3)。图 4-3(a)所示工况 1 模拟无管道多孔岩体，浇筑圆柱形混凝土(高度 210mm、半径 100mm)在圆柱形模具中成型。工况 2～工况 4[图 4-3(b)～(d)]与工况 1 条件尺寸相同，但分别在混凝土中心放置半径为 1mm、2mm、3mm 的涂油玻璃棒。当混凝土凝固满足要求后，将涂有油的玻璃棒拔出，利用含管道的混凝土试件模拟含管道的多孔介质岩体。

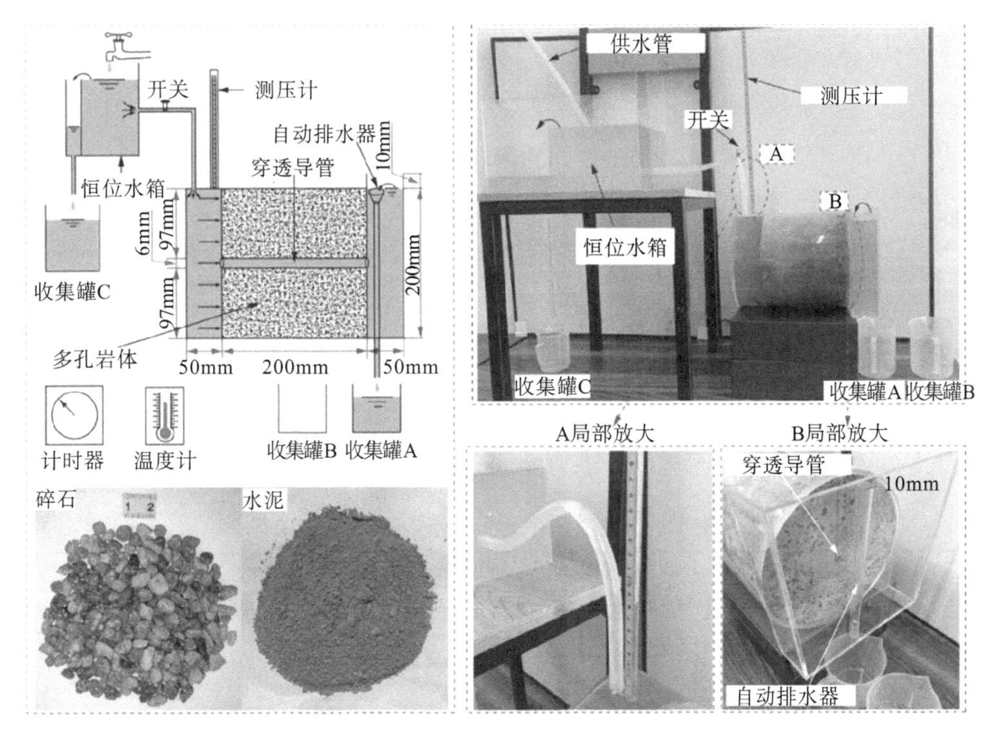

图 4-2　含贯通管道岩体渗透试验装置

图 4-3　含管道岩体浇筑工况

对 4 种工况的测试步骤相同，具体步骤如下。

(1) 打开恒位水箱水龙头，使进水水位稳定在设计水位，然后打开开关。

(2) 当测压管的水位保持恒定，收集罐 A 开始均匀收集流量时，开始记录室温和测压管中的压力。

(3) 打开计时器，将收集罐 A 更换为收集罐 B，收集流量。

(4) 当试验时间达到规定值时，关闭渗流试验系统，统计收集罐中的流量。

工况 1 采用室内恒定水头试验方法测试渗透率 K_c。通过调节恒位水箱的高度，使进口、出口水头差保持在恒定值。当渗流装置内形成稳定渗流场时，开启计时器。测试在 600s 后停止，并统计流量。无管道多孔混凝土的渗透系数 k_c

由下式计算：

$$k_c = \frac{QL}{A\Delta Ht} \tag{4-44}$$

式中，Q 为渗流量(mL)；L 为沿 x 方向的渗流路径长度(m)；A 为渗流截面积(m^2)；ΔH 为进口、出口的水头差(m)；t 为测试时间(s)。

渗透率 K_c 可由下式进行换算：

$$K_c = \frac{\eta_f k_c}{\gamma_w} \tag{4-45}$$

试验温度为20℃，水的动力黏度 $\eta_f = 1.006\times10^{-3}$Pa·s，水的容重 $\gamma_w = 9.81$kN/m^3。

无管道多孔混凝土渗透试验结果见表4-1。由表中数据可知，混凝土平均渗透率 $K_c = 5.12\times10^{-12}$m^2。此外，通过酒精法测得多孔混凝土样孔隙率 $n = 5\%$。

表4-1 无管道多孔混凝土渗透试验结果

工况	路径 L/m	面积 A/m^2	时间 t/s	水头差 ΔH/m	流量 Q/mL	渗透系数 k_c/(m/s)	渗透率 K_c/(m^2)	平均值 K_c/(m^2)
1	0.20	0.0314	600	0.10	489.06	5.12×10^{-5}	5.32×10^{-12}	5.12×10^{-12}
	0.20	0.0314	600	0.15	706.99	5.00×10^{-5}	5.13×10^{-12}	
	0.20	0.0314	600	0.20	904.26	4.80×10^{-5}	4.92×10^{-12}	

工况2～工况4中，含管道多孔混凝土渗透试验结果见表4-2。测试时间分别为600s、60s和30s。

表4-2 含管道多孔混凝土渗透试验结果

工况	开度 R_0/mm	路径 L/m	面积 A/m^2	时间 t/s	水头差 ΔH/m	流量 Q/mL	渗透系数 k_c/(m/s)	平均值 k_c/(m/s)
2	1	0.2	0.0314	600	0.20	3434.53	1.82×10^{-4}	1.81×10^{-4}
						3447.72	1.83×10^{-4}	
						3372.36	1.79×10^{-4}	
3	2	0.2	0.0314	60	0.20	4220.16	22.36×10^{-4}	21.37×10^{-4}
						3881.04	20.56×10^{-4}	
						3975.24	21.18×10^{-4}	
4	3	0.2	0.0314	30	0.20	10102.95	107.25×10^{-4}	107.10×10^{-4}
						9836.36	104.42×10^{-4}	
						10328.09	109.64×10^{-4}	

将上述试验基本参数代入式(4-43)，可计算应力跃变系数 $\beta = 0$ 时的等效渗透系数 k_x。理论值和试验结果对比见表4-3。

表 4-3　理论值和试验结果对比

工况	开度 R_0/mm	路径 L/m	面积 A/m²	水头差 ΔH/m	试验结果 k_e/(m/s)	理论值 k_x/(m/s)	误差 /%
2	1	0.2	0.0314	0.20	1.81×10^{-4}	1.72×10^{-4}	5.23
3	2	0.2	0.0314	0.20	21.37×10^{-4}	20.02×10^{-4}	6.74
4	3	0.2	0.0314	0.20	107.10×10^{-4}	99.30×10^{-4}	7.85

对比表 4-3 中的理论值和试验结果，二者的误差在 10%以内，证明了推求等效渗透系数解析解的有效性。

4.2　部分充填贯通管道流场特性

部分充填贯通管道模型如图 4-4 所示。为了便于模型的理论求解，图 4-4 所示部分充填岩体管道模型中，水平部分填充贯通管道长度为 L，模型的半径为 R，其中填充介质的最远半径为 R_1，自由区域半径为 R_0。K_1 和 n_1 分别为轴对称填充多孔介质的渗透率和孔隙度，而 K_2 和 n_2 分别为岩石基质自身渗透率和孔隙度。假设水流是不可压缩的、充分发展的层流，忽略进口、出口的边界效应。

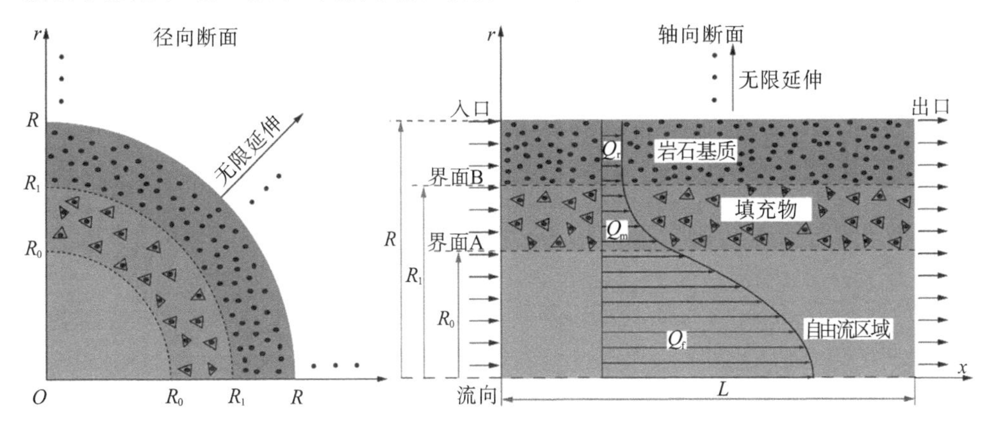

图 4-4　部分充填岩体管道模型

4.2.1　贯通管道中水流的流速

图 4-4 中自由区通道内不可压缩自由水流，满足连续方程：

$$\frac{\partial v_{fx}}{\partial x}+\frac{\partial v_{fy}}{\partial y}+\frac{\partial v_{fz}}{\partial z}=0 \tag{4-46}$$

式中，v_{fx}、v_{fy}、v_{fz} 分别为自由水流在 x、y、z 方向的实际速度(LT^{-1})。

自由水流运动满足 N-S 方程，在 x 方向上 N-S 方程可以展开为

$$\begin{aligned}&\rho f_x-\frac{\partial p}{\partial x}+\upsilon\rho\left(\frac{\partial^2 v_{\text{fx}}}{\partial x^2}+\frac{\partial^2 v_{\text{fx}}}{\partial y^2}+\frac{\partial^2 v_{\text{fx}}}{\partial z^2}\right)\\&-\rho\left(v_{\text{fx}}\frac{\partial v_{\text{fx}}}{\partial x}+v_{\text{fy}}\frac{\partial v_{\text{fx}}}{\partial y}+v_{\text{fz}}\frac{\partial v_{\text{fx}}}{\partial z}\right)-\rho\frac{\partial v_{\text{fx}}}{\partial t}=0\end{aligned} \tag{4-47}$$

式中，f_x 为复合通道中水流在 x 方向的惯性力(MLT^{-2})，$f_x = F_x/m$，F_x 为 x 方向的力，m 为质量(M)；ρ为水流的密度(ML^{-3})；p 为模型中的水压力$(\text{ML}^{-1}\text{T}^{-2})$；$\upsilon$为水流的运动黏度$(\text{L}^2\text{T}^{-1})$。

根据基本假设，模型中的流体为层流且仅在 x 方向流动，因此，$\partial v_{\text{fy}}/\partial y=\partial v_{\text{fz}}/\partial z=0$。将$\partial v_{\text{fy}}/\partial y = \partial v_{\text{fz}}/\partial z = 0$ 代入式(4-46)，得到$\partial v_{\text{fx}}/\partial x = 0$，据此得$\partial^2 v_{\text{fx}}/\partial x^2 = 0$。其中，惯性力仅包含重力，$x$ 方向上惯性力项 $f_x = 0$。由于模型自由区的自由水流仅考虑为稳态流，则有$\partial v_{\text{fx}}/\partial t = 0$。根据这些条件，式(4-47)可以简化为

$$\frac{\partial p}{\partial x}=\eta_{\text{f}}\left(\frac{\partial^2 v_{\text{fx}}}{\partial y^2}+\frac{\partial^2 v_{\text{fx}}}{\partial z^2}\right) \tag{4-48}$$

式中，η_{f}为流体的动力黏度$(\text{ML}^{-1}\text{T}^{-1})$，$\eta_{\text{f}}=\rho\upsilon$。

对于式(4-48)，x 方向动水压力变化率$\partial p/\partial x$ 与 x 无关，有$-\partial p/\partial x = \Delta p/L$。由于模型在 x 方向是轴对称的，则式(4-48)括号中项在柱坐标系下可以改写为

$$\frac{\partial^2 v_{\text{fx}}}{\partial y^2}+\frac{\partial^2 v_{\text{fx}}}{\partial z^2}=\frac{\partial^2 v_{\text{fx}}}{\partial r^2}+\frac{1}{r}\cdot\frac{\partial v_{\text{fx}}}{\partial r}+\frac{1}{r^2}\cdot\frac{\partial^2 v_{\text{fx}}}{\partial \theta^2} \tag{4-49}$$

由于速度 v_{fx} 的分布是轴对称的，因此有$\partial v_{\text{fx}}/\partial\theta = 0$。结合式(4-49)，式(4-48)变为

$$\eta_{\text{f}}\left(\frac{\text{d}^2 v_{\text{fx}}}{\text{d}r^2}+\frac{1}{r}\cdot\frac{\text{d}v_{\text{fx}}}{\text{d}r}\right)-\frac{\text{d}p}{\text{d}x}=0 \tag{4-50}$$

4.2.2 充填介质中渗流的流速

轴对称管道内填充介质渗流满足如下连续性方程：

$$\frac{\partial v_{\text{px}}}{\partial x}+\frac{\partial v_{\text{py}}}{\partial y}+\frac{\partial v_{\text{pz}}}{\partial z}=0 \tag{4-51}$$

轴对称管道内填充介质渗流运动满足 B-D 方程：

$$\begin{aligned}&\rho f_x-\frac{\eta_{\text{f}}}{K_1}v_{\text{px}}-\frac{\partial p}{\partial x}+\eta_{\text{eff1}}\left(\frac{\partial^2 v_{\text{px}}}{\partial x^2}+\frac{\partial^2 v_{\text{px}}}{\partial y^2}+\frac{\partial^2 v_{\text{px}}}{\partial z^2}\right)\\&-\frac{\rho}{n_1}\left(v_{\text{px}}\frac{\partial v_{\text{px}}}{\partial x}+v_{\text{py}}\frac{\partial v_{\text{px}}}{\partial y}+v_{\text{pz}}\frac{\partial v_{\text{px}}}{\partial z}\right)-\rho\frac{\partial v_{\text{px}}}{\partial t}=0\end{aligned} \tag{4-52}$$

式中，v_{px}、v_{py}、v_{pz} 分别为填充区 x、y、z 方向的实际流体速度(LT^{-1})；n_1 为填充

介质孔隙度(无量纲)；K_1 为填充介质自身的渗透率(L^2)。

由于模型填充区水流考虑为稳态流，则有$\partial v_{px}/\partial t = 0$。同理，式(4-52)在柱坐标系下的表达式可以写为

$$\eta_{eff1}\left(\frac{d^2 v_{px}}{dr^2}+\frac{1}{r}\cdot\frac{dv_{px}}{dr}\right)-\frac{dp}{dx}-\frac{\eta_{eff1}}{K_1}v_{px}=0 \tag{4-53}$$

4.2.3　岩石基质中渗流的流速

岩石基质中的渗流满足连续性方程，记为

$$\frac{\partial v_{rx}}{\partial x}+\frac{\partial v_{ry}}{\partial y}+\frac{\partial v_{rz}}{\partial z}=0 \tag{4-54}$$

岩石基质中的渗流运动用如下 B-D 方程描述：

$$\begin{aligned}&\rho f_x-\frac{\eta_f}{K_2}v_{rx}-\frac{\partial p}{\partial x}+\eta_{eff2}\left(\frac{\partial^2 v_{rx}}{\partial x^2}+\frac{\partial^2 v_{rx}}{\partial y^2}+\frac{\partial^2 v_{rx}}{\partial z^2}\right)\\&-\frac{\rho}{n_2}\left(v_{rx}\frac{\partial v_{rx}}{\partial x}+v_{ry}\frac{\partial v_{rx}}{\partial y}+v_{rz}\frac{\partial v_{rx}}{\partial z}\right)-\rho\frac{\partial v_{rx}}{\partial t}=0\end{aligned} \tag{4-55}$$

式中，v_{rx}、v_{ry}、v_{rz} 分别为流体在岩石基质中 x、y、z 方向的实际速度(LT^{-1})；n_2 为填充介质的孔隙度(无量纲)；K_2 为岩石基质自身的渗透率(L^2)。

由于模型岩石基质区渗流考虑为稳态流，则有$\partial v_{rx}/\partial t = 0$。同理，式(4-55)在柱坐标系下可以写为

$$\eta_{eff2}\left(\frac{d^2 v_{rx}}{dr^2}+\frac{1}{r}\cdot\frac{dv_{rx}}{dr}\right)-\frac{dp}{dx}-\frac{\eta_{eff2}}{K_2}v_{rx}=0 \tag{4-56}$$

4.2.4　边界条件及解析解

为了简化控制方程的表达式，引入如下无量纲参数表示的关系：

$$\begin{cases}\xi=r/R\\ M_1=\eta_{eff1}/\eta_f\\ Da_1=K_1/R^2\\ S_1=1/\sqrt{M_1 Da_1}\\ U=(v\eta_f)/GR^2\\ M_2=\eta_{eff2}/\eta_{eff1}\\ Da_2=K/R^2\\ S_2=1/\sqrt{M_2 Da_2}\end{cases} \tag{4-57}$$

式中，ξ 为无量纲半径；M_1、M_2 分别为饱和流体在多孔介质中的有效黏度与液体动力黏度和饱和黏度的黏度比；η_{eff1}、η_{eff2} 分别为饱和流体在填充介质和岩石基质中的有效黏度($ML^{-1}T^{-1}$)；Da_1、Da_2 为达西数；S 为固体颗粒形状参数；U 为无量纲速度；G 是 x 方向动水压力的变化率，即 $G=-\partial p/\partial x=\Delta p/L$。

根据式(4-57)的无量纲关系，则可写出式(4-50)、式(4-53)、式(4-56)的无量纲形式：

$$\frac{\mathrm{d}^2U_{\mathrm{f}}}{\mathrm{d}\xi^2}+\frac{1}{\xi}\cdot\frac{\mathrm{d}U_{\mathrm{f}}}{\mathrm{d}\xi}+1=0 \tag{4-58}$$

$$\frac{\mathrm{d}^2U_{\mathrm{p}}}{\mathrm{d}\xi^2}+\frac{1}{\xi}\cdot\frac{\mathrm{d}U_{\mathrm{p}}}{\mathrm{d}\xi}+\frac{1}{M_1}-S_1^{\ 2}U_{\mathrm{p}}=0 \tag{4-59}$$

$$\frac{\mathrm{d}^2U_{\mathrm{r}}}{\mathrm{d}\xi^2}+\frac{1}{\xi}\cdot\frac{\mathrm{d}U_{\mathrm{r}}}{\mathrm{d}\xi}+\frac{1}{M_2}-S_2^{\ 2}U_{\mathrm{r}}=0 \tag{4-60}$$

式中，U_{f}、U_{p}、U_{r} 分别为无量纲自由区自由流速度、充填区渗流速度、岩石区渗流速度。

于是可求解式(4-58)、式(4-59)、式(4-60)的微分方程，相应的解分别见式(4-61)、式(4-62)、式(4-63)：

$$U_{\mathrm{f}}=-\frac{1}{4}\xi^2+A_1\ln\xi+A_2 \tag{4-61}$$

$$U_{\mathrm{p}}=\frac{1}{M_1S_1^{\ 2}}+B_1I_0(S_1\xi)+B_2K_0(S_1\xi) \tag{4-62}$$

$$U_{\mathrm{r}}=\frac{1}{M_2S_2^{\ 2}}+C_1I_0(S_2\xi)+C_2K_0(S_2\xi) \tag{4-63}$$

式中，A_1、A_2、B_1、B_2、C_1、C_2 为待求参数；I_n 为 n 阶修正贝塞尔函数的第一类($n=0,1$)；K_n 为 n 阶修正贝塞尔函数的第二类($n=0,1$)。修正贝塞尔函数 I_n、K_n 的定义分别见式(4-24)、式(4-25)。

图 4-4 所示的物理模型中边界条件说明如下。

(1)在管道中心 $\xi=0$ 处，管道内自由水流速度最大，此处速度导数为 0，记为

$$\frac{\mathrm{d}U_{\mathrm{f}}}{\mathrm{d}\xi}=0 \tag{4-64}$$

(2)在自由流与填充介质交界面 $\xi_1=R_0/R$ 处，满足速度和应力连续条件，则：

$$U_{\mathrm{p}}=U_{\mathrm{f}} \tag{4-65}$$

$$M_1\frac{\mathrm{d}U_{\mathrm{p}}}{\mathrm{d}\xi}=\frac{\mathrm{d}U_{\mathrm{f}}}{\mathrm{d}\xi} \tag{4-66}$$

(3) 在填充介质与多孔岩体交界面 $\xi_2 = R_0/R$ 处，满足速度和应力连续条件，则：

$$U_{\mathrm{p}} = U_{\mathrm{r}} \tag{4-67}$$

$$M_1 \frac{\mathrm{d}U_{\mathrm{p}}}{\mathrm{d}\xi} = M_2 \frac{\mathrm{d}U_{\mathrm{r}}}{\mathrm{d}\xi} \tag{4-68}$$

(4) 在岩石任意边界 $\xi = r/R$ 处，岩石基质的渗流速度变化为 0，则：

$$\frac{\mathrm{d}U_{\mathrm{r}}}{\mathrm{d}\xi} = 0 \tag{4-69}$$

将式 (4-64) ～式 (4-69) 代入式 (4-61) ～式 (4-63)，可求得待求参数 A_1、A_2、B_1、B_2、C_1、C_2：

$$A_1 = 0 \tag{4-70}$$

$$A_2 = \frac{1}{M_1 S_1^2} + \frac{\xi_1^2}{4} + I_0(S_1\xi_1)B_1 + K_0(S_1\xi_1)B_2 \tag{4-71}$$

$$B_1 = [I_1(S_2\xi_2)K_1(S_2) - I_1(S_2)K_1(S_2\xi_2)]a_6 + S_1S_2\xi_1 a_5 \tag{4-72}$$

$$B_2 = \frac{I_1(S_1\xi_1)}{K_1(S_1\xi_2)B_1} + \frac{\xi_1}{2M_1S_1K_1(S_1\xi_1)} \tag{4-73}$$

$$C_1 = \frac{K_1(S_2)}{I_1(S_2)} C_2 \tag{4-74}$$

$$C_2 = -I_1(S_2)\frac{M_2S_2^2(\xi_1/\xi_2) + a_1}{2M_2S_1S_2^2[a_2 - K_1(S_1\xi_1)(a_3 + a_4)]} \tag{4-75}$$

式中，a_1、a_2、a_3、a_4、a_5、a_6 为系数，分别见式 (4-76) ～式 (4-81)：

$$a_1 = 2(M_2S_2^2 - M_1S_1^2)[I_1(S_1\xi_2)K_1(S_1\xi_1) - I_1(S_1\xi_1)K_1(S_1\xi_2)] \tag{4-76}$$

$$a_2 = M_1S_1[I_1(S_2)K_0(S_2\xi_2) + I_1(S_2\xi_2)K_1(S_2)]K_1(S_1\xi_2) \tag{4-77}$$

$$\begin{aligned} a_3 = I_1(S_1\xi_1)[&M_2S_2I_1(S_2\xi_2)K_0(S_1\xi_2)K_1(S_2) \\ &+ a_2 - M_2S_2I_1(S_2)K_0(S_1\xi_2)K_1(S_2\xi_2)] \end{aligned} \tag{4-78}$$

$$a_4 = [M_1S_1I_0(S_2\xi_2)I_1(S_1\xi_2) - M_2S_2I_0(S_1\xi_2)I_1(S_2\xi_2)]K_1(S_2) \tag{4-79}$$

$$a_5 = [M_1S_1I_1(S_1\xi_2)K_0(S_2\xi_2) + M_2S_2I_0(S_1\xi_2)K_1(S_2\xi_2)]I_1(S_2) \tag{4-80}$$

$$a_6 = M_1S_1S_2^2\xi_1K_0(S_1\xi_2) + 2(M_2S_2^2 - M_1S_1^2)K_1(S_1\xi_1) \tag{4-81}$$

4.2.5　理论验证

为了验证解析解的有效性，将本模型与 Darcy 定律、Poiseuille 定律和 Poulikakos- Kazmierczak 模型进行对比。Poulikakos-Kazmierczak 模型由 Poulikakos 和 Kazmierczak (1987) 提出。

1. 与 Darcy 定律对比

在此，将 Darcy 定律写为

$$v_{\mathrm{D}} = ki \tag{4-82}$$

式中，v_{D} 为平均渗流速度(LT^{-1})；k 为渗透系数(LT^{-1})，见式(4-83)；i 为渗流梯度(无量纲)，见式(4-84)。

$$k = \frac{K\gamma_{\mathrm{w}}}{\eta_{\mathrm{f}}} \tag{4-83}$$

$$i = \frac{\Delta p}{\gamma_{\mathrm{w}} L} \tag{4-84}$$

式中，K 为渗透率(L^2)；γ_{w} 为水的容重(ML^{-2}T^{-2})；Δp 为进水、出水的水压差(ML^{-1}T^{-2})。

将式(4-83)、式(4-84)代入式(4-82)，Darcy 定律可改写为

$$v_{\mathrm{D}} = \frac{K\Delta p}{\eta_{\mathrm{f}} L} \tag{4-85}$$

将无量纲参数关系 $Da = K/R^2$、$G = \Delta p/L$、$V = v\eta_{\mathrm{f}}/(GR^2)$ 代入式(4-85)，于是：

$$V_{\mathrm{D}} = Da \tag{4-86}$$

式中，V_{D} 为无量纲 Darcy 速度。

在本模型中将 ξ_1 设为 10^{-10}，此时，自由流可以忽略，模型中仅存在渗流(见图 4-5)。当岩体和充填介质的 Da 相等时，本模型在各位置的无量纲速度 U 等于无量纲达西速度 V_{D}。本模型的计算结果与 Darcy 定律的结果几乎一致。

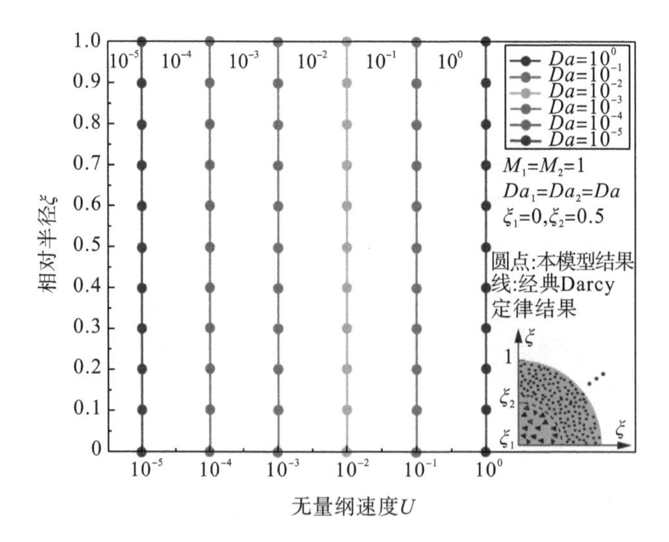

图 4-5 本模型与 Darcy 定律对比

2. 与 Poiseuille 定律对比

在此，把 Poiseuille 定律写为

$$v_{\mathrm{P}}=\frac{1}{4\eta_{\mathrm{f}}}\cdot\frac{\mathrm{d}p}{\mathrm{d}x}({R_0}^2-r^2) \tag{4-87}$$

式中，v_{P}为管道中 Poiseuille 流的速度。

将式(4-87)两边同时除以 R^2，并将无量纲参数代入，得到无量纲的 Poiseuille 流速表达如下：

$$V_{\mathrm{P}}=\frac{1}{4}({\xi_1}^2-\xi^2) \tag{4-88}$$

式中，V_{P}为管道中 Poiseuille 流的无量纲速度。

当本模型中填充介质和岩体的达西数 Da 都取 10^{-5}时，岩体和填充介质中的渗流可以忽略不计。此时，仅有自由流在模型中(图 4-6)。在充填区和岩石基质区速度几乎为 0，在自由区速度 U 与 Poiseuille 定律得到的速度 V_{P}吻合良好。

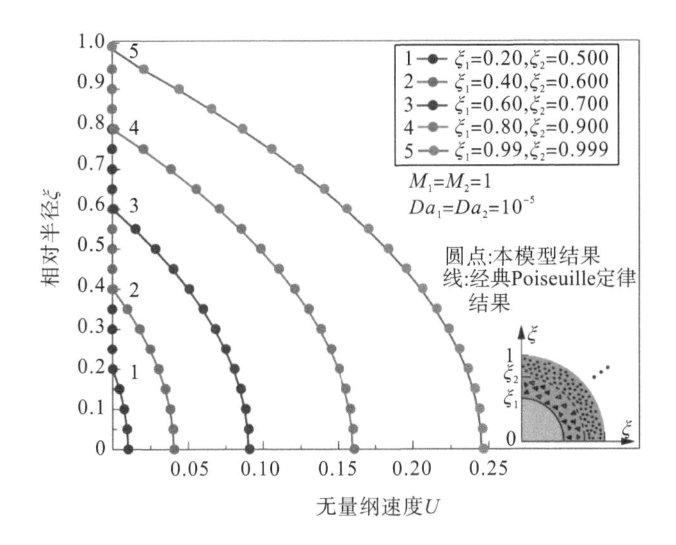

图 4-6　本模型与 Poiseuille 定律对比

3. 与 Poulikakos-Kazmierczak 模型对比

在此，将本模型与 Poulikakos-Kazmierczak 模型进行比较。在本模型中，当岩体的 Da 取 10^{-5}时，岩体区渗流可以忽略不计。此时，流体仅在自由区和充填区流动，岩体可视为不透水管壁。模型中的速度分布如图 4-7 和图 4-8 所示。结果表明，填充区流速明显小于自由区流速，且与 Da 和 ξ_1 呈正相关。本模型计算流速结果分布与 Poulikakos- Kazmierczak 模型计算结果分布非常相似。

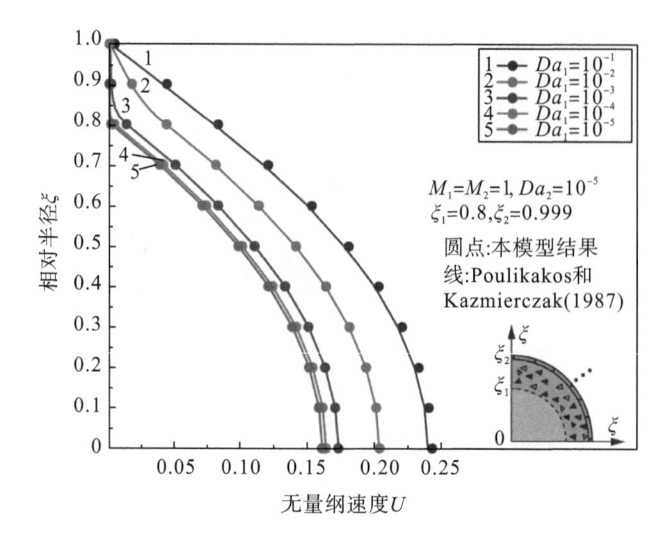

图 4-7 不同 Da_1 条件下的流速分布

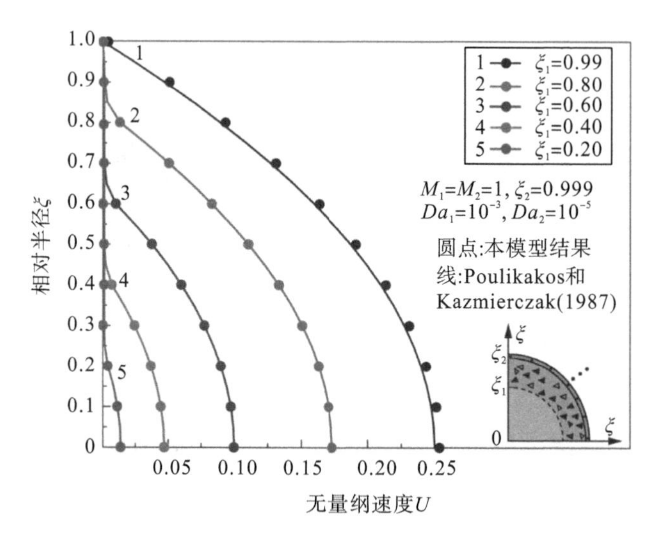

图 4-8 不同 ξ_1 条件下的流速分布

本节用前述经典的 Darcy 定律、Poiseuille 定律以及 Poulikakos-Kazmierczak 模型对本模型的解析解进行了验证。在本模型中，当管道全充填时，本模型的解析解退化为经典 Darcy 定律；当充填介质和岩体均为不透水时，则退化为经典的 Poiseuille 定律。此外，在岩体不渗透的情况下，本模型的计算结果也与 Poulikakos-Kazmierczak 模型的计算结果相吻合。

第5章　流固界面拖曳力效应及应用

5.1　拖曳力作用下平推式滑坡

平推式斜坡失稳(平推式滑坡)常发育于近水平砂岩泥岩互层或松散堆积物覆盖的缓坡。该类滑坡或斜坡失稳的典型特征是滑动面(滑面)倾角较为平缓，一般不大于 10°(李江等，2016)，在我国四川盆地中生代侏罗系、白垩系地层中极其发育。根据以往的计算方法和经验，滑面接近水平的滑体看似很难发生失稳破坏。然而，实际工程中平推式滑坡也容易沿滑面滑动导致失稳破坏，直接威胁滑坡区居民生命和财产安全(许强等，2010)。研究者分析平推式滑坡稳定性时，通常只考虑滑坡体后缘的静水压力和滑动面扬压力的作用(Watts and Masson，1995；孙军杰等，2011)。实际上，持续强降雨作用还会充分补给底部裂隙形成裂隙径流。底部裂隙的径流将对平推式斜坡产生拖拽作用，即拖曳力效应。

5.1.1　滑面裂隙流场分析与拖曳力计算

为方便理论评价平推式滑坡底部裂隙水流对软弱夹层的拖曳力效应，将平推式滑坡裂隙流场典型剖面简化为如图 5-1 所示模型。

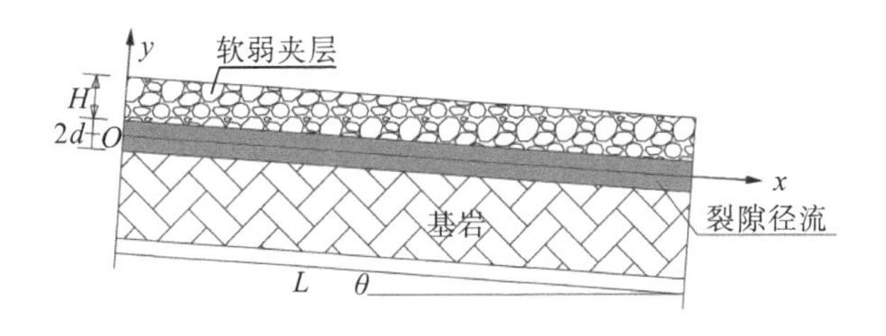

图 5-1　平推式滑坡滑动面示意图

在图 5-1 所示模型中，底部滑动面倾角为 θ。取沿 x 方向软弱夹层和裂隙长度为 L；在 y 方向软弱夹层厚度和裂隙开度分别为 H 和 $2d$。软弱夹层的孔隙率为 n、渗透率为 K。裂隙水流满足连续性方程和 N-S 方程，分别见式(5-1)和式(5-2)。

$$\frac{\partial w_x}{\partial x}+\frac{\partial w_y}{\partial y}+\frac{\partial w_z}{\partial z}=0 \tag{5-1}$$

式中，w_x、w_y、w_z分别为沿 x、y、z 方向的流速(LT^{-1})。

$$\begin{aligned} & f_x-\frac{1}{\rho}\cdot\frac{\partial p}{\partial x}+\upsilon\left(\frac{\partial^2 w_x}{\partial x^2}+\frac{\partial^2 w_x}{\partial y^2}+\frac{\partial^2 w_x}{\partial z^2}\right) \\ & -\left(w_x\frac{\partial w_x}{\partial x}+w_y\frac{\partial w_x}{\partial y}+w_z\frac{\partial w_x}{\partial z}\right)-\frac{\partial w_x}{\partial t}=0 \end{aligned} \tag{5-2}$$

式中，f_x为沿 x 方向的惯性力(MLT^{-2})；ρ为水的密度(ML^{-3})；p 为沿 x 方向的压强($ML^{-1}T^{-2}$)；υ为水的运动黏度(L^2T^{-1})。

由于仅考虑裂隙水流沿 x 方向运动，因此沿 y 和 z 方向的流速为 0，即 $w_y=w_z=0$。据此，则有$\partial w_y/\partial y=\partial w_z/\partial z=0$，并代入式(5-1)得$\partial w_x/\partial x=0$。流速 w_x 在 z 方向不发生变化，即$\partial w_x/\partial z=0$。沿 x 方向的惯性力 $f_x=g\sin\theta$，且水流压强变化率为 $\mathrm{d}p/\mathrm{d}x=-\Delta p/L$。裂隙水流仅考虑为恒定流情况，则得$\partial w_x/\partial t=0$。

将上述条件代入式(5-2)并化简得

$$\eta\frac{\partial^2 w_x}{\partial y^2}+\frac{\Delta p}{L}+\gamma_{\mathrm{w}}\sin\theta=0 \tag{5-3}$$

式中，η为水的动力黏滞系数($ML^{-1}T^{-1}$)；γ_{w} 为水的容重($ML^{-2}T^{-2}$)。

求解式(5-3)得微分方程的解：

$$w_x=-\frac{\Delta p+\gamma_{\mathrm{w}}L\sin\theta}{2\eta L}y^2+C_1y+C_2 \tag{5-4}$$

式中，C_1 和 C_2 为待求系数。

滑动面软弱夹层中的水流运动满足连续性方程和 B-D 方程，分别见式(5-5)和式(5-6)：

$$\frac{\partial m_x}{\partial x}+\frac{\partial m_y}{\partial y}+\frac{\partial m_z}{\partial z}=0 \tag{5-5}$$

$$\begin{aligned} & n\rho f_x-n\frac{\eta}{K}m_x-n\frac{\partial p}{\partial x}+\eta\left(\frac{\partial^2 m_x}{\partial x^2}+\frac{\partial^2 m_x}{\partial y^2}+\frac{\partial^2 m_x}{\partial z^2}\right) \\ & -\frac{\rho}{n}\left(m_x\frac{\partial m_x}{\partial x}+m_y\frac{\partial m_x}{\partial y}+m_z\frac{\partial m_x}{\partial z}\right)-\frac{\rho}{n}\cdot\frac{\partial m_x}{\partial t}=0 \end{aligned} \tag{5-6}$$

式中，m_x、m_y、m_z分别为滑动面软弱夹层中水流沿 x、y、z 方向的流速(LT^{-1})；n 为软弱夹层的孔隙率(无量纲)。

在饱和稳定渗流时，由于上、下边缘部存在隔水层，渗流沿 y 和 z 方向的流速则可视为 0，即 $m_y = m_z = 0$，据此有 $\partial m_y/\partial y = \partial m_z/\partial z = 0$，并代入式(5-5)可得 $\partial m_x/\partial x = 0$。流速 m_x 在 z 方向不发生变化，即 $\partial m_x/\partial z = 0$。沿 x 方向的惯性力 $f_x = g\sin\theta$，且水流压强变化率 $\mathrm{d}p/\mathrm{d}x = -\Delta p/L$。仅考虑为恒定流情况，则有 $\partial m_x/\partial t = 0$。

将上述条件代入式(5-6)并化简得

$$\frac{\partial^2 m_x}{\partial y^2} - n\frac{m_x}{K} + n\frac{\Delta p}{\eta L} + n\frac{\gamma_{\mathrm{w}}\sin\theta}{\eta} = 0 \tag{5-7}$$

求解式(5-7)得微分方程的解：

$$m_x = D_1 \mathrm{e}^{y\sqrt{n/K}} + D_2 \mathrm{e}^{-y\sqrt{n/K}} + \frac{(\Delta p + \gamma_{\mathrm{w}} L\sin\theta)K}{\eta L} \tag{5-8}$$

式中，D_1 和 D_2 为待求系数。

对于图 5-1 所示模型，滑面裂隙径流流速 w_x 和软弱夹层中水流的流速 m_x 满足以下边界条件。

(1) 在径流中部 $y = 0$ 处，水流的流速 w_x 最大，则有 $\mathrm{d}w_x/\mathrm{d}y = 0$。

(2) 在径流区和软弱夹层交界 $y = d$ 处，满足交界面流速相等的条件，相应地，裂隙水流流速 w_x 与软弱夹层中水流流速 m_x 相等，即 $w_x = m_x$。

(3) 在径流区和软弱夹层 $y = d$ 处，满足 Neal 和 Nader 提出的交界面剪应力连续的条件，即 $(1/n)(\partial m_x/\partial y) = \partial w_x/\partial y$。

(4) 在软弱夹层上部隔水层 $y = d+H$ 处，水流的流速 m_x 最小，则有 $\mathrm{d}m_x/\mathrm{d}y = 0$。

将以上边界条件代入式(5-4)和式(5-8)，求解出 C_1、C_2、D_1、D_2：

$$C_1 = 0 \tag{5-9}$$

$$C_2 = -\frac{(\Delta p + \gamma_{\mathrm{w}}\sin\theta)nd(1+\mathrm{e}^{2H\sqrt{n/K}})}{\eta L\sqrt{nK}(1-\mathrm{e}^{2H\sqrt{n/K}})} + \frac{\Delta p + \gamma_{\mathrm{w}} L\sin\theta}{2\eta L}d^2 \tag{5-10}$$

$$D_1 = -\frac{(\Delta p + \gamma_{\mathrm{w}} L\sin\theta)n\mathrm{e}^{-d\sqrt{n/K}}}{\eta L\sqrt{nK}(1-\mathrm{e}^{2H\sqrt{n/K}})} \tag{5-11}$$

$$D_2 = -\frac{(\Delta p + \gamma_{\mathrm{w}} L\sin\theta)n\mathrm{e}^{(d+2H)\sqrt{n/K}}}{n\eta L\sqrt{nK}(1-\mathrm{e}^{2H\sqrt{n/K}})} \tag{5-12}$$

由于 $\Delta p = \gamma_{\mathrm{w}}\Delta H$，而 $\Delta H/L = i$，且 $i = \tan\theta$(i 为水力坡降)，ΔH 为土体两端水头差，结合这些条件，将式(5-9)、式(5-10)和式(5-11)、式(5-12)分别代入式(5-4)和式(5-8)，可分别写出滑面裂隙水流的流速 w_x 和软弱夹层渗流的流速 m_x 表达式：

$$w_x = -\frac{\gamma_{\mathrm{w}}(\sin\theta+\tan\theta)}{2\eta}y^2 - \frac{\gamma_{\mathrm{w}}(\sin\theta+\tan\theta)nd(1+\mathrm{e}^{2H\sqrt{n/K}})}{\eta\sqrt{nK}(1-\mathrm{e}^{2H\sqrt{n/K}})} + \frac{\gamma_{\mathrm{w}}(\sin\theta+\tan\theta)}{2\eta}d^2 \tag{5-13}$$

$$m_x = -\frac{\gamma_{\mathrm{w}}(\sin\theta+\tan\theta)n\mathrm{e}^{-d\sqrt{n/K}}}{\eta\sqrt{nK}(1-\mathrm{e}^{2H\sqrt{n/K}})}\mathrm{e}^{y\sqrt{n/K}} - \frac{\gamma_{\mathrm{w}}(\sin\theta+\tan\theta)n\mathrm{e}^{(d+2H)\sqrt{n/K}}}{\eta\sqrt{nK}(1-\mathrm{e}^{2H\sqrt{n/K}})}\mathrm{e}^{-y\sqrt{n/K}} + \frac{\gamma_{\mathrm{w}}(\sin\theta+\tan\theta)K}{\eta} \tag{5-14}$$

分析式(5-13)和式(5-14)发现，滑面裂隙水流流速 w_x 和软弱夹层渗流的流速 m_x 主要受滑动面倾角 θ、裂缝开度 $2d$、软弱夹层孔隙率 n 和渗透率 K 的影响，且随它们的增大而增大。

5.1.2 径流条件下滑面切应力分析

径流条件下滑面切应力可由 Newton 内摩擦定律计算：

$$\tau = -\eta\frac{\mathrm{d}u}{\mathrm{d}y} \tag{5-15}$$

式中，τ为水流切应力$(\mathrm{ML^{-1}T^{-2}})$；u 为流速$(\mathrm{LT^{-1}})$；$\mathrm{d}u/\mathrm{d}y$ 为负值时是因滑面裂隙水流流速 w_x 随 y 的增加而递减。

把滑面裂隙水流流速 w_x 代入式(5-15)，可求出水流沿 x 方向的切应力τ_x：

$$\tau_x = \gamma_{\mathrm{w}}(\sin\theta+\tan\theta)y \tag{5-16}$$

滑动面上部 $y = d$ 处的τ_x即为水流对平推式斜坡坡面的切应力，记为τ_{s}。τ_{s}的表达式如下：

$$\tau_{\mathrm{s}} = \gamma_{\mathrm{w}}d\left(\sin\theta+\tan\theta\right) \tag{5-17}$$

分析式(5-17)可知，平推式斜坡的切应力τ_{s}主要受滑面裂隙宽度 d 和平推式斜坡滑动面倾角 θ 的影响。

5.1.3 平推式滑坡实例

以四川新津地区一厂房开挖边坡为例。边坡倾角为 3°～10°。开挖边坡上覆第四系残坡积粉质黏土，下伏侏罗系上统蓬莱镇组泥岩。岩层平缓，厂址区岩体有陡倾裂隙发育，在强降雨的情况下，平缓边坡可能产生滑动，形成平推式滑坡。坡内泥岩参数和底部滑动面裂隙参数见表 5-1。对平推式滑坡进行受力分析，如图 5-2 所示。

表 5-1　滑面裂隙径流相关参数

滑体高度	滑面长度	滑面宽度	滑体重度	水容重	滑面倾角	内摩擦角	后缘水深
H/m	L/m	d/m	γ_s/(N/m³)	γ_w/(N/m³)	θ/(°)	β/(°)	H_w/m
2.00	15.00	0.08	2.56×10⁴	1.00×10⁴	10.00	14.5	0.95

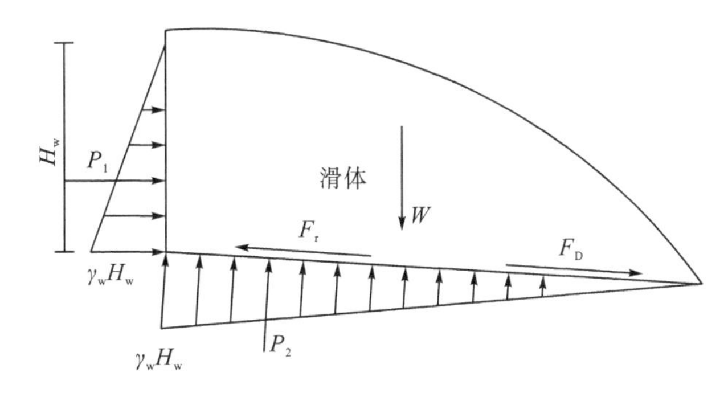

图 5-2　平推式滑坡受力分析图

图 5-2 中后缘静水压力 P_1 和滑动面扬压力 P_2 的计算如下：

$$P_1 = \frac{1}{2}\gamma_w {H_w}^2 \tag{5-18}$$

$$P_2 = \frac{1}{2}\gamma_w H_w L \tag{5-19}$$

式中，P_1 为平推式滑坡后缘静水压力(MPa)；P_2 为滑动面扬压力(MPa)；γ_w 为水的容重(MN/m³)；H_w 为后缘水深(m)；L 为滑动面长度(m)。

图 5-2 中滑动面拖曳力根据 $F_D = L\tau_s$ 计算，将式(5-17)代入得

$$F_D = L\gamma_w d(\sin\theta + \tan\theta) \tag{5-20}$$

式中，F_D 为滑动面拖曳力(MN)；θ为滑动面倾角(°)。

于是，平推式滑坡受到的滑动力 F_w 为

$$F_w = P_1\cos\theta + W\sin\theta + F_D \tag{5-21}$$

式中，F_w 为滑动力(MN)；W 为滑体自重(MN)。

平推式滑坡整体抗滑力 F_r 为

$$F_r = (W\cos\theta - P_2 - P_1\sin\theta)\tan\beta \tag{5-22}$$

式中，F_r 为抗滑力(MN)；β为滑动面内摩擦角(°)。

定义平推式滑坡抗滑稳定系数 K_s 为抗滑力和滑动力之比，即 $K_s = F_r/F_w$，将式(5-21)和式(5-22)代入，则得

$$K_{\mathrm{s}}=\frac{(W\cos\theta-P_2-P_1\sin\theta)\tan\beta}{P_1\cos\theta+W\sin\theta+F_{\mathrm{D}}}=\frac{(2W\cos\theta-\gamma_{\mathrm{w}}H_{\mathrm{w}}L-\gamma_{\mathrm{w}}H_{\mathrm{w}}^2\sin\theta)\tan\beta}{\gamma_{\mathrm{w}}H_{\mathrm{w}}^2\cos\theta+2W\sin\theta+2L\gamma_{\mathrm{w}}d(\sin\theta+\tan\theta)} \tag{5-23}$$

由式(5-23)可知，滑面拖曳力 F_{D} 越大，则安全系数 K_{s} 越小。拖曳力是一种不利因素，忽视这种作用会对工程安全产生不利影响。

当斜坡破坏启动时，平推式滑坡抗滑稳定系数 K_{s} 接近临界值，即：

$$K_{\mathrm{s}}=\frac{F_{\mathrm{r}}}{F_{\mathrm{w}}}=1 \tag{5-24}$$

将式(5-23)代入式(5-24)，可得后缘水深 H_{w} 的表达式：

$$H_{\mathrm{w}}=\frac{\sqrt{A_1+A_2}}{A_3} \tag{5-25}$$

式中，A_1、A_2、A_3 为系数，相应的计算见式(5-26)～式(5-28)：

$$A_1=\gamma_{\mathrm{w}}^2L[L\tan^2\beta-8d(\cos\theta+\sin\theta\tan\beta)(\sin\theta+\tan\theta)] \tag{5-26}$$

$$A_2=4W\gamma_{\mathrm{w}}[2\cos2\theta\tan\beta-\sin2\theta(1-\tan^2\beta)] \tag{5-27}$$

$$A_3=2\gamma_{\mathrm{w}}(\cos\theta+\sin\theta\tan\beta) \tag{5-28}$$

式(5-25)即是修正后的平推式滑坡启动判据。与传统方法的计算式相比，本方法的主要特点是考虑了滑面裂隙水流的拖曳力效应，更符合实际情况。

理论推求表明，拖曳力效应在平推式斜坡启动失稳的分析中不应忽略。平推式滑坡后缘水深的大小是滑坡启动的关键诱因之一。利用本方法理论推求不同倾角情况下后缘水深 H_{w} 与抗滑稳定系数 K_{s} 的关系式(5-23)，得到如图 5-3 所示的变化规律，更能直观反映拖曳力对抗滑稳定系数 K_{s} 的影响。另外，平推式斜坡滑动面倾角 θ 越大，坡体稳定性就越低。分析平推式斜坡在不同后缘水深情况下滑动面倾角 θ 和抗滑稳定系数 K_{s} 的关系，结果如图 5-4 所示。

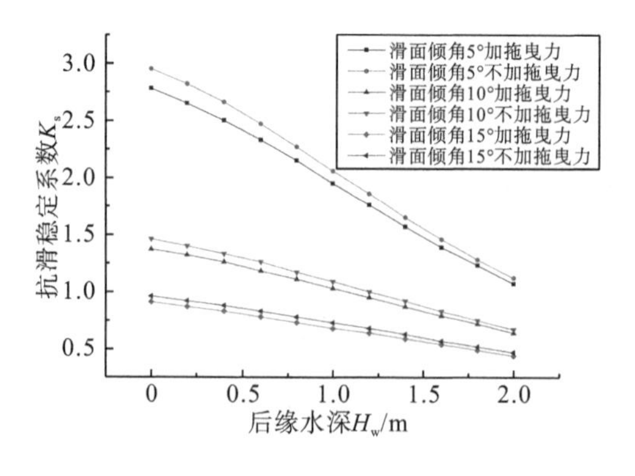

图 5-3 后缘水深 H_{w} 和抗滑稳定系数 K_{s} 的关系

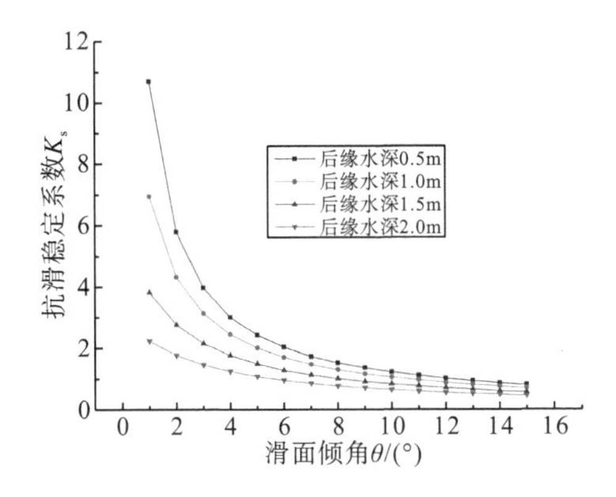

图 5-4　滑面倾角θ和抗滑稳定系数 K_s 的关系

根据式(5-20)，滑动面裂隙宽度直接决定了滑动面拖曳力的大小。分析平推式斜坡在不同倾角情况下滑动面裂隙宽度 d 和抗滑稳定系数 K_s 的关系，结果如图 5-5 所示。

滑动面裂隙宽度越大，其所受拖曳力越大，对平推式斜坡的稳定性越不利。当底部无裂隙，即滑动面裂隙宽度 $d=0$ 时，由于平推式斜坡坡度较小，此时稳定系数 $K_s=1.11$，此时滑坡的稳定性主要和后缘的裂隙水深有关，当滑动面厚度增加，径流产生拖曳力效应使得滑坡的稳定性降低。

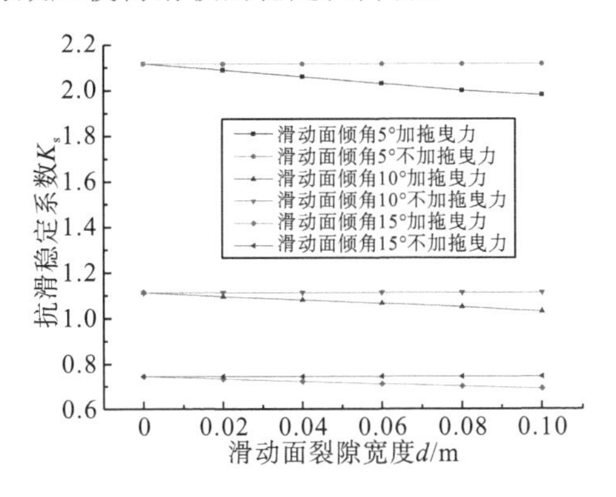

图 5-5　滑动面裂隙宽度 d 和抗滑稳定系数 K_s 的关系

5.2　拖曳力作用下浅顺层滑坡

浅层滑坡的厚度通常为 1～5m。在众多滑坡灾害中，浅层滑坡具有分布范围广、暴发频率高、持续危害大等特点(Pradel and Raad，1993)。有关浅层滑坡的研究成果已较为丰富，Pradel 和 Raad(1993)报道了均质边坡在长历时、高强度降雨条件下发生的浅层滑坡现象，提出了无限平面滑动型边坡模型；李宁等(2012)采用非饱和土 Van-Genuchten 模型与改进的 Green-Ampt 入渗模型，对 Mein-Larson 降雨入渗模型进行改进，结合无限边坡提出了降雨诱发浅层滑坡的简化计算模型；许建聪等(2005)研究了强降雨作用下浅层滑坡稳定性系数与滑面带抗剪强度指标、滑体饱水面积比三者之间的关系，建立了数理统计分析模型；Muntohar 和 Liao(2010)利用改进的 Green-Ampt 模型，基于无限边坡提出了浅层滑坡分析的计算模型；魏宁等(2006)采用蒸发和降雨模型开展了边坡非饱和-非稳定渗流分析，用总凝聚力表示的毕肖普(Bishop)极限平衡法来计算边坡安全系数。虽然研究浅层斜坡失稳和稳定性评价的报道很多，但是鲜有考虑强降雨条件下水流拖曳力对斜坡稳定性的影响。这可能是当前浅层斜坡稳定性评价和浅层滑坡处置方案设计中，尽管考虑了极端降雨入渗、地表水体集中渗漏等特殊工况，却仍出现斜坡失稳破坏甚至发生灾害事故的原因。

5.2.1 径流-渗流耦合流场分析与拖曳力计算

为研究强降雨条件下地表径流和地下水渗流的拖曳力作用对浅层斜坡稳定性的影响，建立无限浅层斜坡径流-渗流耦合分析模型，如图 5-6 所示。在该模型，平面直角坐标系 xoy 中 x 轴的正向沿斜坡土体向下倾斜的方向，y 轴的正向垂直于斜坡坡面向上。

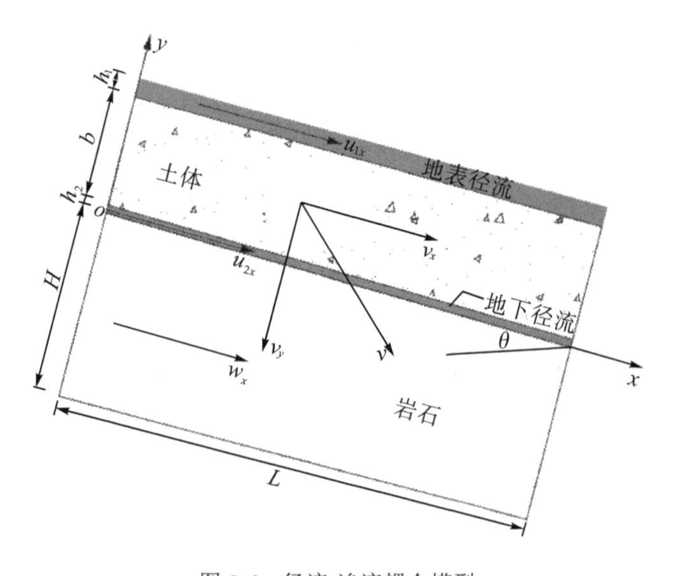

图 5-6 径流-渗流耦合模型

图 5-6 所示模型中斜坡坡度为 θ、长度为 L、土体厚度为 b、孔隙率为 n_1、渗

透率为 K_1。土体渗流沿 x 方向的流速为 v_x，坡面径流水深为 h_1，沿 x 方向的流速为 u_{1x}。岩石厚度为 H，孔隙率为 n_2，渗透率为 K_2，岩石基质渗流沿 x 方向的流速为 w_x。假设斜坡上侧无限远处有拉张裂隙，形成一股地下径流，地下径流水深为 h_2，沿 x 方向的流速为 u_{2x}。

自然界中，斜坡坡面径流、地下水流的运动属于三维空间运动，影响因素十分复杂。为便于理论研究，进行如下假设。

(1) 斜坡土层、岩石层以及径流均沿 x 方向无限延伸。

(2) 斜坡土体颗粒单一、均匀，岩石结构均匀。

(3) 水流运动为二维平面内充分发展的层流运动，且沿 y 方向的流速为 0。

(4) 水流为不可压缩 Newton 流体，满足连续性方程。

(5) 斜坡土体和岩石渗流用 B-D 方程描述，见式(5-29)。

(6) 坡面径流和地下径流用 N-S 方程描述，见式(5-30)。

$$n\rho f + n\nabla\overline{p} + \eta\nabla^2\overline{u} - n\frac{\eta}{K}\overline{u} = \frac{\rho}{n}(\overline{u}\cdot\nabla)\overline{u} \tag{5-29}$$

式中，$\overline{u}$ 为斜坡土体中的渗流流速(LT^{-1})；$\overline{p}$ 为水流压强(ML^{-1}T^{-2})；η为水的动力黏度(ML^{-1}T^{-1})；ρ为水的密度(ML^{-3})；n 为斜坡土体的孔隙率(无量纲)；f 为惯性力(MLT^{-2})；K 为斜坡土体的渗透率(L^2)，渗透率 K 与渗透系数 k 的关系为 $k = Kg/\eta$，g 为重力加速度；∇ 为 Hamilton 算子。

$$f - \nabla\overline{p} + \eta\nabla^2\overline{v} = \rho(\overline{v}\cdot\nabla)\overline{v} \tag{5-30}$$

式中，$\overline{v}$ 为坡面径流流速(LT^{-1})。

1. 径流流速

径流中的水体满足连续性方程：

$$\frac{\partial u_{1x}}{\partial x} + \frac{\partial u_{1y}}{\partial y} + \frac{\partial u_{1z}}{\partial z} = 0 \tag{5-31}$$

式中，u_{1x}、u_{1y}、u_{1z} 分别为径流中流体在 x、y、z 方向的真实流速(LT^{-1})。

径流运动方程满足 N-S 方程：

$$\begin{aligned} & f_{1x} - \frac{1}{\rho}\cdot\frac{\partial p}{\partial x} + \upsilon\left(\frac{\partial^2 u_{1x}}{\partial x^2} + \frac{\partial^2 u_{1x}}{\partial y^2} + \frac{\partial^2 u_{1x}}{\partial z^2}\right) \\ & -\left(u_{1x}\frac{\partial u_{1x}}{\partial x} + u_{1y}\frac{\partial u_{1x}}{\partial y} + u_{1z}\frac{\partial u_{1x}}{\partial z}\right) - \frac{\partial u_{1x}}{\partial t} = 0 \end{aligned} \tag{5-32}$$

式中，f_{1x} 为沿 x 方向的惯性力(MLT^{-2})；p 为沿 x 方向的压强(ML^{-1}T^{-2})；υ为水的运动黏度(L^{2}T^{-1})，且 $\upsilon = \eta/\rho$。

径流沿 y、z 方向流速均为 0，即 $u_{1y} = u_{1z} = 0$。据此有 $\partial u_{1y}/\partial y = \partial u_{1z}/\partial z = 0$，代入式(5-31)得 $\partial u_{1x}/\partial x = 0$。流速 u_{1x} 在 z 方向不变化，即 $\partial u_{1x}/\partial z = 0$。沿 x 方向

有 $f_{1x} = g\sin\theta$。径流考虑为恒定流，据此得$\partial u_{1x}/\partial t = 0$。将这些条件代入式(5-32)化简得

$$-\frac{\mathrm{d}p}{\mathrm{d}x}+\eta\frac{\mathrm{d}^2u_{1x}}{\mathrm{d}y^2}+\gamma_{\mathrm{w}}\sin\theta=0 \tag{5-33}$$

因为 u_{1x} 在 x 方向的偏导为 0，说明 u_{1x} 不沿 x 方向变化。根据基本假设，式(5-33)中 $\mathrm{d}p/\mathrm{d}x$ 与 x 无关，水的压强沿 x 方向是一个常数，可写为

$$\frac{\mathrm{d}p}{\mathrm{d}x}=-\frac{\Delta p}{L} \tag{5-34}$$

式中，Δp 为沿 x 方向的压强差($\mathrm{ML^{-1}T^{-2}}$)；L 为沿 x 方向的岩体长度(L)。

将式(5-34)代入式(5-33)，可得

$$\gamma_{\mathrm{w}}\sin\theta+\frac{\Delta p}{L}+\eta\frac{\mathrm{d}^2u_{1x}}{\mathrm{d}y^2}=0 \tag{5-35}$$

式中，γ_{w} 为水的容重($\mathrm{ML^{-2}T^{-2}}$)。

求解式(5-35)的微分方程，得地表径流中的流速 u_{1x}:

$$u_{1x}=-\frac{\Delta p+\gamma_{\mathrm{w}}L\sin\theta}{2\eta L}y^2+A_1y+A_2 \tag{5-36}$$

式中，A_1、A_2 为待求系数。

按照上述方式，可求得地下径流中的流速 u_{2x}:

$$u_{2x}=-\frac{\Delta p+\gamma_{\mathrm{w}}L\sin\theta}{2\eta L}y^2+A_3y+A_4 \tag{5-37}$$

式中，A_3、A_4 为待求系数。

2. 渗流流速

根据基本假设，斜坡土层中水流运动满足连续性方程和 B-D 方程。

在此将连续性方程写为

$$\frac{\partial v_x}{\partial x}+\frac{\partial v_y}{\partial y}+\frac{\partial v_z}{\partial z}=0 \tag{5-38}$$

式中，v_x、v_y、v_z 分别为斜坡土层中水流沿 x、y、z 方向的流速($\mathrm{LT^{-1}}$)。

在 x 方向，B-D 方程展开为

$$\begin{aligned}&n\rho f_x-n\frac{\eta}{K}v_x-n\frac{\partial p}{\partial x}+\eta\left(\frac{\partial^2v_x}{\partial x^2}+\frac{\partial^2v_x}{\partial y^2}+\frac{\partial^2v_x}{\partial z^2}\right)\\&-\frac{\rho}{n}\left(v_x\frac{\partial v_x}{\partial x}+v_y\frac{\partial v_x}{\partial y}+v_z\frac{\partial v_x}{\partial z}\right)-\frac{\rho}{n}\cdot\frac{\partial v_x}{\partial t}=0\end{aligned} \tag{5-39}$$

在土层饱和稳定渗流时，只考虑 x 方向的渗流。渗流沿 y、z 方向的流速可视为 0，即 $v_y=v_z=0$。据此有$\partial v_y/\partial y=\partial v_z/\partial z=0$，代入式(5-38)可得$\partial v_x/\partial x=0$。土层中渗流流速 v_x 在 z 方向不发生变化，即$\partial v_x/\partial z=0$。在 x 方向有 $f_x=g\sin\theta$，且 $\mathrm{d}p/\mathrm{d}x=$

$-\Delta p/L$。渗流考虑为恒定流，则有$\partial v_x/\partial t=0$。将这些条件代入式(5-39)化简得

$$n_1\frac{\Delta p}{\eta L}+\frac{\mathrm{d}^2 v_x}{\mathrm{d}y^2}-n_1\frac{v_x}{K_1}+\frac{n_1\gamma_w\sin\theta}{\eta}=0 \tag{5-40}$$

求解式(5-40)得微分方程的解：

$$v_x=B_1\mathrm{e}^{y\sqrt{n_1/K_1}}+B_2\mathrm{e}^{-y\sqrt{n_1/K_1}}+\frac{(\Delta p+\gamma_\mathrm{w}L\sin\theta)K_1}{\eta L} \tag{5-41}$$

式中，B_1、B_2为待求系数。

按照上述同样的方式，得岩石中的渗流流速w_x：

$$w_x=B_3\mathrm{e}^{y\sqrt{n_2/K_2}}+B_4\mathrm{e}^{-y\sqrt{n_2/K_2}}+\frac{(\Delta p+\gamma_\mathrm{w}L\sin\theta)K_2}{\eta L} \tag{5-42}$$

式中，B_3、B_4为待求系数。

3. 边界条件

(1)在径流水面$y=h_1+b+h_2$处，径流流速u_{1x}达到最大，即满足：

$$\frac{\mathrm{d}u_{1x}}{\mathrm{d}y}=0 \tag{5-43}$$

(2)在地下水流和岩石的接触面$y=0$处，满足交界面处流速相等、剪应力连续的边界条件，即：

$$\begin{cases} w_x=u_{2x} \\ \dfrac{1}{n_2}\cdot\dfrac{\mathrm{d}w_x}{\mathrm{d}y}=\dfrac{\mathrm{d}u_{2x}}{\mathrm{d}y} \end{cases} \tag{5-44}$$

(3)在地下径流和土体的接触面$y=h_2$处，满足交界面处流速相等、剪应力连续的边界条件，即：

$$\begin{cases} u_{2x}=v_x \\ \dfrac{1}{n_1}\cdot\dfrac{\mathrm{d}v_x}{\mathrm{d}y}=\dfrac{\mathrm{d}u_{2x}}{\mathrm{d}y} \end{cases} \tag{5-45}$$

(4)在地表径流和土体的接触面$y = h_2+b$处，满足交界面处流速相等、剪应力连续的边界条件，即：

$$\begin{cases} u_{1x}=v_x \\ \dfrac{1}{n_1}\cdot\dfrac{\mathrm{d}v_x}{\mathrm{d}y}=\dfrac{\mathrm{d}u_{1x}}{\mathrm{d}y} \end{cases} \tag{5-46}$$

(5)在地下径流中间$y=h_2/2$处，径流流速u_{2x}达到最大，即满足：

$$\frac{\mathrm{d}u_{2x}}{\mathrm{d}y}=0 \tag{5-47}$$

可利用以上边界条件求式(5-36)、式(5-37)、式(5-41)、式(5-42)中的待求系数。将式(5-43)～式(5-47)代入各流速计算表达式，解得 A_1、A_2、A_3、A_4、B_1、

B_2、B_3和B_4的表达式：

$$A_1 = \frac{C_0(h_1 + b + h_2)}{\eta L} \tag{5-48}$$

$$A_2 = \frac{C_0\left\{2n_1h_2\mathrm{e}^{(b-h_2)\sqrt{n_1/K_1}} + [2K_1 - 2h_1 + (b+h_2)^2]\sqrt{n_1K_1}\right\}}{2\eta L\sqrt{n_1K_1}} \tag{5-49}$$

$$A_3 = \frac{C_0h_2}{2\eta L} \tag{5-50}$$

$$A_4 = \frac{C_0\left(2n_1h_2\mathrm{e}^{-2h_2\sqrt{n_1/K_1}} + K_1\sqrt{n_1K_1}\right)}{\eta L\sqrt{n_1K_1}} \tag{5-51}$$

$$B_1 = \frac{C_0n_1h_2\mathrm{e}^{-2h_2\sqrt{n_1/K_1}}}{\eta L\sqrt{n_1K_1}} \tag{5-52}$$

$$B_2 = \frac{C_0n_1h_2}{\eta L\sqrt{n_1K_1}} \tag{5-53}$$

$$B_3 = \frac{C_0\left\{\sqrt{n_1K_1}\left[2\sqrt{n_2K_2}(K_1 - K_2) + h_2\right] + 4n_1h_2\mathrm{e}^{-2h_2\sqrt{n_1/K_1}}\right\}}{4\eta L\sqrt{n_1K_1}} \tag{5-54}$$

$$B_4 = \frac{C_0\left\{\sqrt{n_1K_1}\left[2\sqrt{n_2K_2}(K_1 - K_2) - h_2\right] + 4n_1h_2\mathrm{e}^{-2h_2\sqrt{n_1/K_1}}\right\}}{4\eta L\sqrt{n_1K_1}} \tag{5-55}$$

式中，C_0为常系数，见式(5-56)：

$$C_0 = \Delta p + \gamma_\mathrm{w} L\sin\theta \tag{5-56}$$

5.2.2 径流-渗流耦合条件下滑面切应力分析

水流切应力可根据Newton内摩擦定律计算：

$$\tau = \eta\frac{\mathrm{d}u}{\mathrm{d}y} \tag{5-57}$$

式中，τ为切应力($\mathrm{ML^{-1}T^{-2}}$)；u为水流流速($\mathrm{LT^{-1}}$)。

将径流流速u_x代入式(5-57)可求出径流沿x方向的切应力如下：

$$\tau_{1x} = \gamma_\mathrm{w}(\sin\theta + \tan\theta)(h_1 + b + h_2 - y) \tag{5-58}$$

$$\tau_{2x} = \gamma_\mathrm{w}(\sin\theta + \tan\theta)(h_2/2 - y) \tag{5-59}$$

坡面$y = h_2+b$处的τ_{1x}即为地表径流对斜坡土体的切应力，记为τ_{1s}。τ_{1s}的具体表达如下：

$$\tau_{1s} = \gamma_\mathrm{w}(\sin\theta + \tan\theta)h_1 \tag{5-60}$$

坡面 $y = h_2$ 处的 τ_{2x} 即为地下水流对斜坡土体的切应力，记为 τ_{2s}。将 $y = h_2$ 代入式(5-59)得 τ_{2s} 的具体表达如下：

$$\tau_{2s} = \gamma_w(\sin\theta + \tan\theta)h_2 / 2 \tag{5-61}$$

由式(5-60)和式(5-61)可知，径流对斜坡土体的切应力 τ_s 主要受径流水深 h 和斜坡坡度 θ 的影响，且随径流水深 h 和斜坡坡度 θ 的增大而增大。

5.2.3　浅顺层滑坡实例

以位于重庆市万州区孙家镇大荒田村附近的万梁高速公路 K46+670～+900 路段的土、岩接触面为例(图 5-7)，分析拖曳力对浅层斜坡的稳定性影响。该斜坡属于顺层边坡，浅表部土层为黏性土，覆盖厚度为 1.5m，饱水状态下黏聚力 c = 24kPa、内摩擦角 $\varphi = 30°$，斜坡坡度为 22°，下层岩石大多为砂岩。斜坡上层土体发育有多处拉张裂缝，在连续强降雨条件下，易形成地表径流，且水流通过裂缝及地表水入渗聚集在基岩顶面(滑动带)，使滑动带软化，大大降低了抗剪强度。

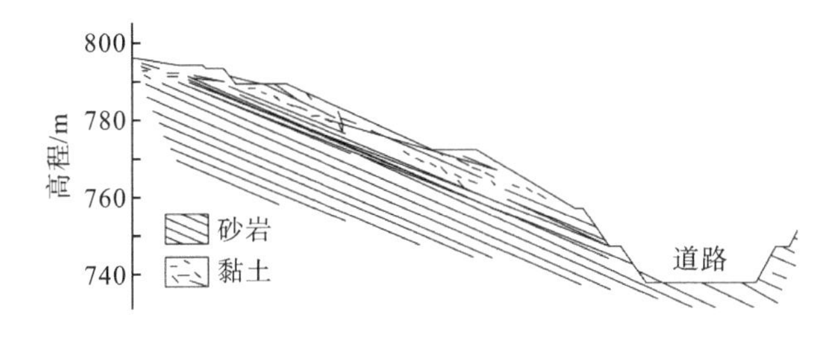

图 5-7　边坡工程地质剖面图

将该边坡简化成如图 5-8 所示的模型，采用上述分析方法求解地表径流和地下水流对斜坡土体的拖曳力，并利用刚体极限平衡理论对该斜坡进行稳定性分析。其中，斜坡土体与径流相关参数见表 5-2。

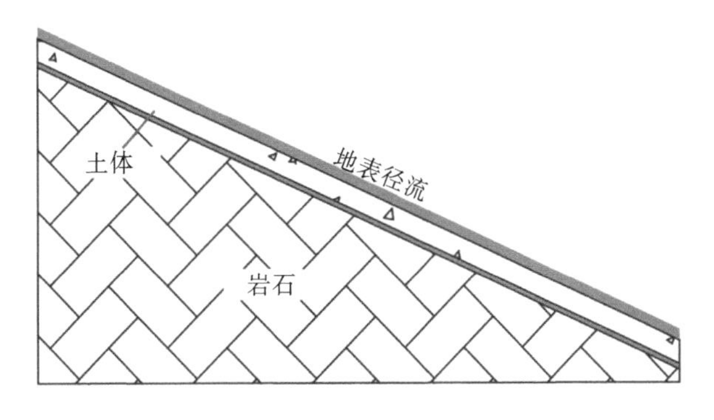

图 5-8　斜坡简化示意图

表 5-2 斜坡土体与径流相关参数

长度 L/m	厚度 b/m	土重度 γ_s/(N/m^3)	黏聚力 c/kPa	倾角 θ/(°)	内摩擦角 φ/(°)	坡面水深 h_1/m	地下水深 h_2/m	水容重 γ_w/(N/m^3)
10.00	1.50	2.25×10^4	24.00	22．00	30.00	0.25	0.10	1.00×10^4

对斜坡土体进行受力分析，如图 5-9 所示。土体所受的作用力包括：竖直向下的重力 G，竖直向上的浮力 F_b，垂直于坡面向上的法向力 F_N，平行于坡面向下的拖曳力 F_{D1}、F_{D2} 和渗流力 G_D，平行于坡面向上的摩擦力 F_f。

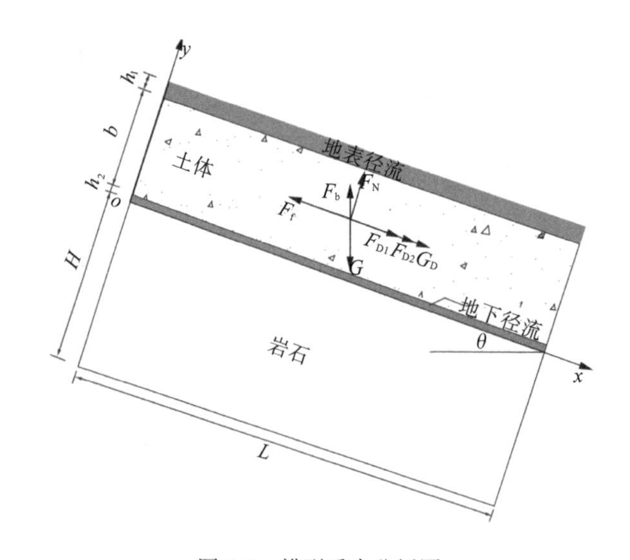

图 5-9 模型受力分析图

斜坡土体的重力 G 和浮力 F_b 分别由式(5-62)和式(5-63)求得

$$G = bL\gamma_s \tag{5-62}$$

$$F_b = bL\gamma_w \tag{5-63}$$

式中，G 为单宽重力(MT^{-2})；F_b 为单宽浮力(MT^{-2})；b 为土体厚度(L)；L 为斜坡长度(L)；γ_s 为土体重度(ML^{-2}T^{-2})；γ_w 为水的重度(ML^{-2}T^{-2})。

根据图 5-9 的受力分析，结合三角函数关系，可得作用在滑动面的法向力 F_N、摩擦力 F_f 的表达式：

$$F_N = G\cos\theta - F_b\cos\theta \tag{5-64}$$

$$F_f = (G - F_b)\cos\theta\tan\varphi + cL \tag{5-65}$$

式中，F_N 为法向力(MT^{-2})；F_f 为摩擦力(MT^{-2})；θ 为滑动面倾角(无量纲)；φ

为内摩擦角(°)；c 为黏聚力($ML^{-1}T^{-2}$)。

将式(5-62)和式(5-63)代入式(5-65)，整理得 F_f 的表达式：

$$F_f = bL(\gamma_s - \gamma_w)\cos\theta\tan\theta + cL \tag{5-66}$$

在此，也求得图 5-9 所示模型界面的拖曳力 F_{D1} 和 F_{D2}：

$$F_{D1} = L\tau_{2s} = \gamma_w(\sin\theta + \tan\theta)h_1 L \tag{5-67}$$

$$F_{D2} = L\tau_{2s} = \gamma_w(\sin\theta + \tan\theta)h_2 L/2 \tag{5-68}$$

土体内渗流力 G_D 可直接由式(5-69)求得

$$G_D = i\gamma_w L \tag{5-69}$$

式中，G_D 为土体渗流力(NL^{-1})；i 为水力梯度。

于是，可求得滑体的安全系数 K 的具体表达式：

$$K = \frac{F_f + F_b\sin\theta}{F_{D1} + F_{D2} + G_D + G\sin\theta} \tag{5-70}$$

由式(5-70)可知，拖曳力 F_D 越大，则安全系数 K 越小。对于坡体稳定性，拖曳力是一种不利因素，忽视这种作用将对工程安全产生不利影响。

计算结果表明，当不考虑径流拖曳力作用时，斜坡算例的安全系数 K=1.164；当考虑径流拖曳力作用时，斜坡的安全系数 K=1.089；安全系数降低了 6.44%。由此可见，拖曳力作用对斜坡的稳定性存在不利影响，尤其当斜坡土体在近乎临界稳定状态时，较小的拖曳力会发挥决定性作用，导致斜坡土体失稳。

斜坡土层是由零散的土颗粒组成的集合体。在强降雨条件下，土体的强度参数会发生改变，雨水下渗导致土体内聚力下降，基质吸力减小，抗剪强度降低。坡面径流水深 h_1 与安全系数 K 的关系如图 5-10 所示。

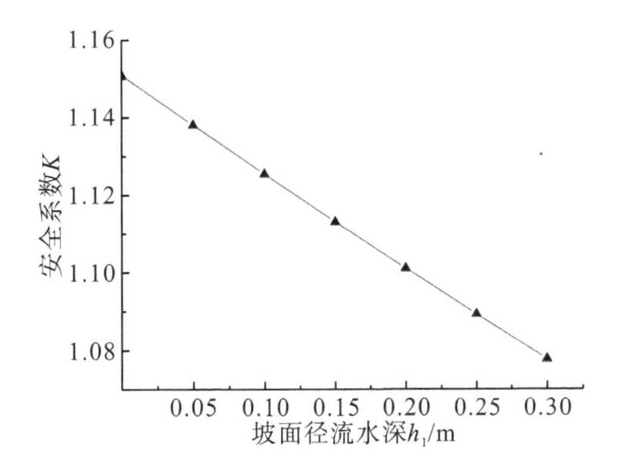

图 5-10　坡面径流水深与安全系数的关系

由图 5-10 可知，安全系数 K 随着 h_1 的增大而减小。在无降雨条件下，安全系数 $K = 1.151$；随着降雨强度的增大，径流水深 h_1 增加到 0.3m 时，安全系数降低到 $K = 1.078$，降低了 6.34%。显然，降雨强度越大，即径流水深越大时，拖曳力的影响越显著，斜坡越容易失稳。

大量工程经验表明，斜坡倾角对斜坡的稳定性有重要影响。通过计算，得到的在考虑拖曳力时和不考虑拖曳力时斜坡倾角 θ 与安全系数 K 的关系如图 5-11 所示。

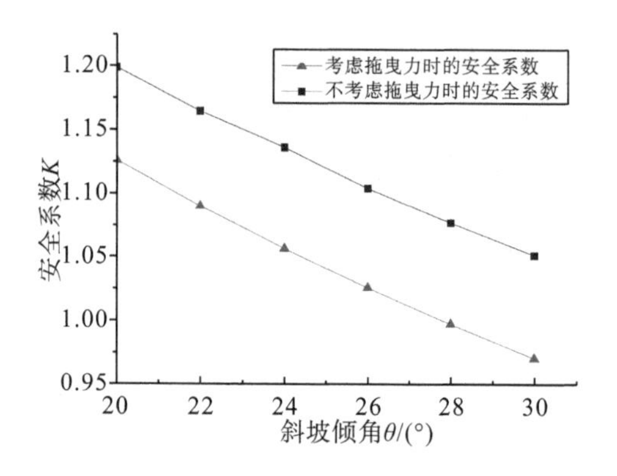

图 5-11　斜坡倾角与安全系数的关系

由图 5-11 可知，随着斜坡倾角的增大，斜坡的安全系数不断降低，考虑拖曳力时，安全系数 K 从 $\theta = 20°$时的 1.126 降到 $\theta = 30°$时的 0.970；不考虑拖曳力时，安全系数 K 从 $\theta = 20°$时的 1.198 降到 $\theta = 30°$时的 1.051。考虑了拖曳力时的安全系数明显低于不考虑拖曳力时的安全系数，大致降低了 7.2%。当不考虑拖曳力时，斜坡土体在倾角为 20°～30°时始终处于稳定状态，考虑了拖曳力时，斜坡土体在 $\theta = 28°$时已经失去稳定。因此，在其他条件不变的情况下，存在水流拖曳力时，斜坡越陡，斜坡土体越不稳定。

根据刚体极限平衡理论，土体自重增加，斜坡下滑力增加，随着土层厚度的增加，斜坡安全系数呈下降趋势。如图 5-12 所示，在土体厚度一定的情况下，考虑拖曳力时的安全系数明显小于不考虑拖曳力时的安全系数。考虑拖曳力时，安全系数 K 从 $b = 1.0$m 时的 1.305 降低到 $b = 2.0$m 时的 0.967；不考虑拖曳力时，安全系数 K 从 $b = 1.0$m 时的 1.431 降低到 $b = 2.0$m 时的 1.018。当不考虑拖曳力时，斜坡土体在厚度为 1～2m 时始终处于稳定状态，考虑了拖曳力时，斜坡土体在厚度为 2m 时已经失稳。因此，在其他条件不变的情况下，存在水流拖曳力时，土层越厚越不稳定。

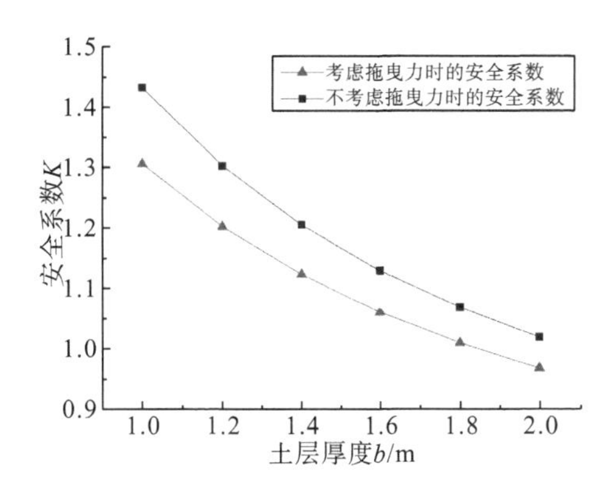

图 5-12　土体厚度与安全系数的关系

5.3　拖曳力作用下软弱夹层接触冲刷

软弱夹层一般指具有一定厚度的软弱结构面及软弱带的岩体，其性质主要表现为颗粒较细、遇水易软化或泥化、物理力学性质较差(闫汝华和樊卫花，2004)。软弱夹层大量存在于水工大坝基础、洞室围岩以及岩质边坡等工程中。软弱夹层强度弱、工程性质差，是控制岩体稳定性的重要因素(王幼麟和肖振舜，1982；钱海涛等，2006)。软弱夹层在长期水力作用下的渗透变形问题，更是水利工程、坝基稳定性评价和岩体工程研究的重点。渗透变形是水-岩相互作用的重要方式和表征之一。软弱夹层在水-岩作用、地应力作用等复杂条件下会发育大量裂缝，而软弱夹层中的裂缝又是渗透变形较易发生的薄弱部位(李文斌和梁尧篪，1984；王周锋等，2015)。

如图 5-13 所示，在长期水力冲刷作用下，裂缝通道周围的土颗粒发生运移和流失，致使各裂缝之间扩展连通，形成集中的渗漏通道，最后发生破坏，对水工建筑物造成极大的危害(刘建刚和陈建生，2003)。因此，研究水力作用下软弱夹层中渗流的接触冲刷机制，对防止渗漏通道的形成具有指导意义。

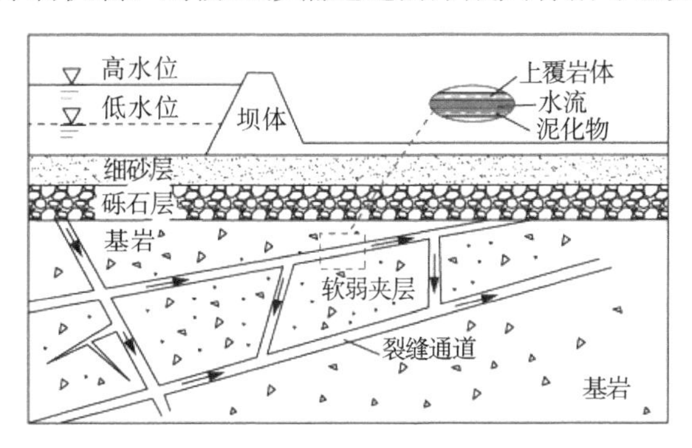

图 5-13　水力作用下裂缝的接触冲刷示意图

对于坝基中软弱夹层的渗透变形研究，目前已有大量的报道，如曹敦履和范中原(1986)将软弱夹层的渗透变形分为流土、冲刷、劈裂、灌淤四种变形破坏方式；叶合欣等(2009，2011)建立了软弱结构面受水流冲刷扩展后，形成的集中渗漏通道模型，并对渗漏通道的形成过程进行了模拟与分析；张家发等(2015)通过对伊江上游其培水电站坝基 F_{41} 和 F_{42} 断层的原状样进行渗透变形试验，发现原状样以冲刷变形为主，并综合考虑渗透变形扩展规律后，给出了允许水力坡度的取值范围；高正夏和赵海滨(2008)通过对坝基破碎夹泥类软弱夹层进行渗透变形试验后发现，在软弱夹层与围岩的接触面处，更易发生接触冲刷变形。

5.3.1 接触面流场分析

软弱夹层因水流的接触冲刷而产生渗透破坏有相应的水力条件。曹敦履和范中原(1986)、刘建刚和陈建生(2003)给出的软弱夹层中发生接触冲刷的类型：①软弱夹层与围岩接触面的缝隙处；②软弱夹层发生局部流土后，随着渗流通道的扩大，裂缝通道内开始发生接触冲刷；③软弱夹层与建筑物之间形成裂缝时；④软弱夹层中颗粒间由于凝聚力的大大降低或丧失而发生接触冲刷等情况。

严格意义上讲，软弱夹层中的裂缝呈无规律分布。为便于理论分析和求解方程，以软弱夹层发生局部流土后形成的裂缝通道为研究对象，建立软弱夹层中裂缝通道接触冲刷模型，如图 5-14 所示。

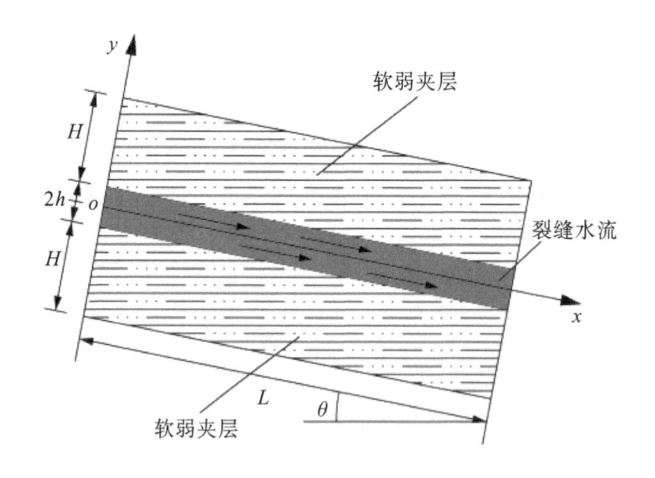

图 5-14 软弱夹层中裂缝通道接触冲刷模型

对图 5-14 所示模型进行求解分析时，假定模型中的裂缝处于软弱夹层轴对称位置处，为等厚沿同一方向延伸的单裂缝。沿裂缝水流方向取为 x 轴的正方向，垂直于裂缝水流方向取为 y 轴的正方向，建立直角坐标系 xoy。裂缝通道与水平面的夹角为 θ，取 x 方向软弱夹层的长度为 L，y 方向裂缝的等效开度(裂缝水流厚度)为 $2h$，软弱夹层的厚度则为 $2(h+H)$。沿 x 方向裂缝通道中裂缝水流的局部平均流速为 u_x，软弱夹层中泥化土体渗流的局部平均流速为 w_x。在坝基中水流状态十分复杂，为简化分析，作以下基本假设。

(1)裂缝通道及软弱夹层沿 x 方向无限扩展。

(2)裂缝水流为恒定均匀流。

(3)水流不可压缩，满足连续性方程。

(4)裂缝水流与泥化土体中的渗流均属于平面二维流，流体仅沿 x 方向运动。

用 N-S 方程描述裂缝水流的运动，用 B-D 方程描述裂缝周围泥化夹层中的渗流运动。裂缝通道中的水流运动满足的连续性方程记为

$$\frac{\partial u_x}{\partial x}+\frac{\partial u_y}{\partial y}+\frac{\partial u_z}{\partial z}=0 \tag{5-71}$$

式中，u_x、u_y、u_z 分别为裂缝水流沿 x、y、z 方向的速度分量(LT^{-1})。

N-S 方程沿裂缝水流 x 方向的展开形式可写为

$$f_x-\frac{1}{\rho}\cdot\frac{\partial p}{\partial x}+\upsilon\nabla^2 u_x-\left(u_x\frac{\partial u_x}{\partial x}+u_y\frac{\partial u_x}{\partial y}+u_z\frac{\partial u_x}{\partial z}\right)-\frac{\partial u_x}{\partial t}=0 \tag{5-72}$$

式中，f_x 为沿 x 方向的惯性力分量(LT^{-2})；ρ 为水的密度(ML^{-3})；p 为沿 x 方向的压强($ML^{-1}T^{-2}$)；υ 为水的运动黏度(L^2T^{-1})，且 $\upsilon=\eta/\rho$，η 为水的动力黏滞系数($ML^{-1}T^{-1}$)；∇^2 为 Laplace 算子，即 $\nabla^2=\partial^2/\partial x^2+\partial^2/\partial y^2+\partial^2/\partial z^2$。

根据基本假设，裂缝通道中的水流只考虑沿 x 方向的运动，则有 $u_y=u_z=0$。据此得 $\partial u_y/\partial y=\partial u_z/\partial z=0$，代入式(5-71)得 $\partial u_x/\partial x=0$。流速 u_x 在 z 方向不发生变化，则有 $\partial u_x/\partial z=0$。沿 x 方向上，$f_x=g\sin\theta$，$dp/dx=-\Delta p/L$。水流仅考虑为恒定流，则有 $\partial u_x/\partial t=0$。将这些条件代入式(5-72)，化简得

$$\eta\frac{\partial^2 u_x}{\partial y^2}+\frac{\Delta p}{L}+\gamma_w\sin\theta=0 \tag{5-73}$$

求解式(5-73)，得微分方程的解：

$$u_x=-\frac{\Delta p+\gamma_w L\sin\theta}{2\eta L}y^2+C_1y+C_2 \tag{5-74}$$

式中，C_1、C_2 为待求系数。

对于泥化夹层，其水流运动也由连续性方程和 B-D 方程共同控制。泥化夹层水流运动满足的连续性方程记为

$$\frac{\partial w_x}{\partial x}+\frac{\partial w_y}{\partial y}+\frac{\partial w_z}{\partial z}=0 \tag{5-75}$$

式中，w_x、w_y、w_z分别为泥化夹层中渗流流速沿 x、y、z 方向的分量(LT^{-1})。

泥化夹层水流运动 B-D 方程沿 x 方向的展开形式写为

$$n\rho f_x - n\frac{\eta}{K}w_x - n\frac{\partial p}{\partial x} + \eta\nabla^2 w_x - \frac{\rho}{n}\left(w_x\frac{\partial w_x}{\partial x} + w_y\frac{\partial w_x}{\partial y} + w_z\frac{\partial w_x}{\partial z}\right) - \frac{\rho}{n}\frac{\partial w_x}{\partial t} = 0 \tag{5-76}$$

式中，n 为泥化夹层的孔隙率(无量纲)；K 为泥化夹层的渗透率(L^2)。

由于坝基中裂缝周围的泥化夹层处于饱和稳定的渗流状态，忽略渗流沿 y 方向和 z 方向的速度分量，即 $w_y=w_z=0$。只考虑 x 方向，则有$\partial w_y/\partial y = \partial w_z/\partial z = 0$，代入式(5-75)，得$\partial w_x/\partial x = 0$；流速 w_x 在 z 方向不发生变化，即$\partial w_x/\partial z = 0$。沿 x 方向上，$f_x = g\sin\theta$，$\mathrm{d}p/\mathrm{d}x = -\Delta p/L$。仅考虑渗流为恒定流，得$\partial w_x/\partial t = 0$。将上述条件代入式(5-76)，化简可得

$$\frac{\partial^2 w_x}{\partial y^2} - n\frac{w_x}{K} + n\frac{\Delta p}{\eta L} + n\frac{\gamma_w \sin\theta}{\eta} = 0 \tag{5-77}$$

求解式(5-77)，得微分方程的解：

$$w_x = D_1 e^{y\sqrt{n/K}} + D_2 e^{-y\sqrt{n/K}} + \frac{(\Delta p + \gamma_w L\sin\theta)K}{\eta L} \tag{5-78}$$

式中，D_1、D_2为待求系数。

裂缝水流流速和软弱夹层中渗流的流速满足以下边界条件：

(1) 在裂缝中部 $y = 0$ 处，裂缝水流流速 u_x 达到最大，则有 $\mathrm{d}u_x/\mathrm{d}y = 0$。

(2) 在裂缝通道上部与软弱夹层交界面 $y = h$ 处和裂缝通道底部与软弱夹层交界面 $y = -h$ 处，满足流速相等、剪应力连续条件，即 $u_x = w_x$、$(1/n)(\mathrm{d}w_x/\mathrm{d}y) = \mathrm{d}u_x/\mathrm{d}y$。

(3) 在软弱夹层与围岩交界面的隔水层处，即 $y = H+h$ 和 $y = -(H+h)$ 处，渗流流速 w_x 最小，则有 $\mathrm{d}w_x/\mathrm{d}y = 0$。

因 $\Delta p = \gamma_w \Delta H$，$\Delta H$ 为裂缝两端的水头差，且 $\Delta H/L = J$，J 为水力坡度，结合以上边界条件，联立求解式(5-74)、式(5-78)，从而求出系数 C_1、C_2、D_1、D_2：

$$C_1 = 0 \tag{5-79}$$

$$C_2 = \frac{\gamma_w}{\eta}(J + \sin\theta)\left[\frac{h\sqrt{nK}\left(e^{2H\sqrt{n/K}} + 1\right)}{\left(e^{-2H\sqrt{n/K}} - 1\right)} + \frac{2K + h^2}{2}\right] \tag{5-80}$$

$$D_1 = \frac{\gamma_w}{\eta}\cdot\frac{h\sqrt{nK}(J + \sin\theta)}{e^{h\sqrt{n/K}}\left(e^{2H\sqrt{n/K}} - 1\right)} \tag{5-81}$$

$$D_2 = \frac{\gamma_w}{\eta}\cdot\frac{h\sqrt{nK}(J + \sin\theta)\left(e^{(h+2H)\sqrt{n/K}} + 1\right)}{\left(e^{2H\sqrt{n/K}} - 1\right)} \tag{5-82}$$

由于 H 较大、渗透率 K 的量级很小，因此 $e^{2H\sqrt{n/K}}$ 值很大。据此，可得出 $e^{2H\sqrt{n/K}}-1\approx e^{2H\sqrt{n/K}}$ 和 $e^{2H\sqrt{n/K}}+1\approx e^{2H\sqrt{n/K}}$，于是式(5-80)、式(5-82)化简为

$$C_2=\frac{\gamma_{\mathrm{w}}}{\eta}\cdot\frac{(J+\sin\theta)[2h\sqrt{nK}+(2K+h^2)]}{2} \tag{5-83}$$

$$D_2=\frac{\gamma_{\mathrm{w}}}{\eta}h\sqrt{nK}(J+\sin\theta)e^{h\sqrt{n/K}} \tag{5-84}$$

将以上 C_1、C_2、D_1、D_2 的值分别代入式(5-74)和式(5-78)，得到裂缝通道中裂缝水流流速 u_x 及其周边泥化夹层的渗流流速 w_x 的表达式：

$$u_x=\frac{\gamma_{\mathrm{w}}}{\eta}(J+\sin\theta)[-y^2/2+h\sqrt{nK}+(2K+h^2)/2] \tag{5-85}$$

$$w_x=\frac{\gamma_{\mathrm{w}}h\sqrt{nK}(J+\sin\theta)}{\eta e^{(2H+h)\sqrt{n/K}}}e^{y\sqrt{n/K}}+\frac{\gamma_{\mathrm{w}}h\sqrt{nK}(J+\sin\theta)}{\eta}e^{-y\sqrt{n/K}}+\frac{\gamma_{\mathrm{w}}K(J+\sin\theta)}{\eta} \tag{5-86}$$

5.3.2　接触冲刷的水力条件及受力分析

软弱夹层中产生渗流接触冲刷的本质是，在较高的水力坡度下，裂缝水流以较大的流速冲刷裂缝通道附近的颗粒，使其发生运移并随水流带出的过程。因此，研究软弱夹层的水力条件是分析是否会发生接触冲刷的基础。

当裂缝通道周围的泥化物质受裂缝水流的冲刷作用时，假定土颗粒以滑动的形式被裂缝水流带走，如图 5-15 所示。作用在其上的力包括颗粒的有效重力 F_{G}、土颗粒周围的渗透力 F_{P}、水流拖曳力 F_{D}、上举力 F_{L}、支持力 F_{N}、黏结力 F_{C} 以及摩擦力 F_{f}，具体说明如下。

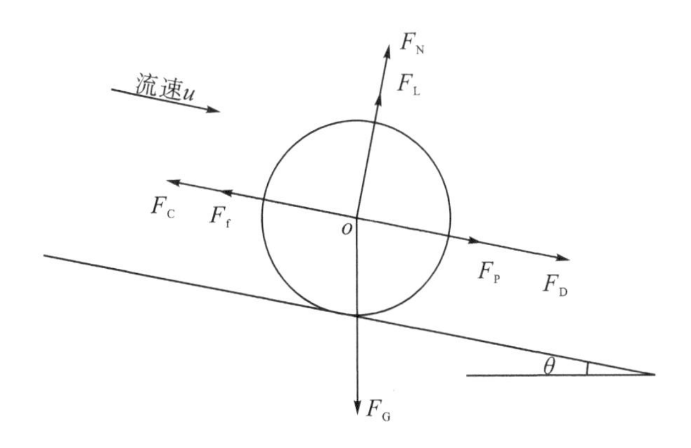

图 5-15　裂缝通道边壁颗粒受力分析

(1)颗粒有效重力 F_G(方向竖直向下)的计算：

$$F_G = \frac{\pi}{6}(\gamma_s - \gamma_w)d^3 \tag{5-87}$$

式中，F_G 为有效重力(MLT^{-2})；d 为土颗粒的直径(L)；γ_s 为颗粒重度($ML^{-2}T^{-2}$)；γ_w 为水的重度($ML^{-2}T^{-2}$)。

(2)渗透力 F_P(泥化夹层所受的渗透力，方向沿裂缝面向下)的计算：

$$F_P = \frac{\pi}{6(1-n)}\gamma_w J d^3 \tag{5-88}$$

式中，F_P 为渗透力(MLT^{-2})；n 为泥化夹层孔隙度(无量纲)；J 为水力梯度(无量纲)。

(3)拖曳力 F_D(平行于裂缝面方向向下)的计算：

$$F_D = \frac{\pi}{8}C_D \rho d^2 u_b^2 \tag{5-89}$$

式中，F_D 为拖曳力(MLT^{-2})；ρ为水的密度(ML^{-3})；u_b 为作用在土颗粒表面的瞬时流速(LT^{-1})；C_D 为拖曳力系数(无量纲)。

(4)上举力 F_L(垂直于裂缝面方向向上)的计算：

$$F_L = \frac{\pi}{8}C_L \rho d^2 u_b^2 \tag{5-90}$$

式中，F_L 为上举力(MLT^{-2})；C_L 为上举力系数(无量纲)。

(5)支持力 F_N(垂直于裂缝面方向向上)的计算。根据图 5-15 所示受力分析可知 F_N 为

$$F_N = F_G \cos\theta - F_L \tag{5-91}$$

将式(5-87)、式(5-90)代入式(5-91)得

$$F_N = \frac{\pi}{6}(\gamma_s - \gamma_w)d^3 \cos\theta - \frac{\pi}{8}C_L \rho d^2 u_b^2 \tag{5-92}$$

式中，F_N 为支持力(MLT^{-2})。

(6)黏结力 F_C(平行于裂缝面方向向上)的计算：

$$F_C = \alpha_c \left(\frac{\gamma_0}{\gamma_{0*}}\right)^{2.5} \frac{\pi}{2}\rho \varepsilon d \tag{5-93}$$

式中，F_C 为黏结力(MLT^{-2})；α_c 为系数(无量纲)；ε为黏结力参数(无量纲)；γ_0 为泥沙干重度($ML^{-2}T^{-2}$)；γ_{0*} 为泥沙颗粒的稳定重度($ML^{-2}T^{-2}$)。

(7)摩擦力 F_f(平行于裂缝面方向向上)的计算：

$$F_f = F_N \tan\varphi \tag{5-94}$$

将式(5-92)代入式(5-94)得

$$F_{\mathrm{f}}=\frac{\pi}{6}(\gamma_{\mathrm{s}}-\gamma_{\mathrm{w}})d^{3}\cos\theta\tan\varphi-\frac{\pi}{8}C_{\mathrm{L}}\rho d^{2}u_{\mathrm{b}}^{2}\tan\varphi \tag{5-95}$$

式中，F_{f}为摩擦力(MLT^{-2})；φ为颗粒摩擦角(°)。

当颗粒发生滑动破坏时，其应满足的动力平衡条件为

$$F_{\mathrm{D}}+F_{\mathrm{P}}>F_{\mathrm{C}}+F_{\mathrm{f}} \tag{5-96}$$

将式(5-88)、式(5-89)、式(5-93)、式(5-95)代入式(5-96)可得

$$\begin{aligned}&\frac{\pi}{8}C_{\mathrm{D}}\rho d^{2}u_{\mathrm{b}}^{2}+\frac{\pi}{6(1-n)}\gamma_{\mathrm{w}}Jd^{3}>\alpha_{\mathrm{c}}\left(\frac{\gamma_{0}}{\gamma_{0*}}\right)^{2.5}\frac{\pi}{2}\rho\varepsilon d\\&+\frac{\pi}{6}(\gamma_{\mathrm{s}}-\gamma_{\mathrm{w}})d^{3}\cos\theta\tan\varphi-\frac{\pi}{8}C_{\mathrm{L}}\rho d^{2}u_{\mathrm{b}}^{2}\tan\varphi\end{aligned} \tag{5-97}$$

式(5-97)是土颗粒受裂缝水流冲刷发生滑动破坏时，应满足的动力条件。将土颗粒按临界滑动时处理，再进行化简整理得

$$\begin{aligned}&\frac{1}{8}d\left(C_{\mathrm{D}}+C_{\mathrm{L}}\tan\varphi\right)u_{\mathrm{bcr}}^{2}=\frac{1}{2}\varepsilon_{0}\left(\frac{\gamma_{0}}{\gamma_{0*}}\right)^{2.5}\\&+\frac{1}{6}(G_{\mathrm{s}}-1)g\cos\theta\tan\varphi d^{2}-\frac{\pi}{6(1-n)}gJ_{\mathrm{cr}}d^{2}\end{aligned} \tag{5-98}$$

式中，u_{bcr}为土颗粒冲刷起动时的表面流速(LT^{-1})；J_{cr}为临界水力坡度(无量纲)；ε_0为综合黏结力参数(L^{3}T^{-2})，$\varepsilon_0=\alpha_{\mathrm{c}}\varepsilon$；$G_{\mathrm{s}}$为土颗粒的比重(无量纲)，$G_{\mathrm{s}}=\gamma_{\mathrm{s}}/\gamma_{\mathrm{w}}$。

根据所建立的接触冲刷模型，结合裂缝水流流速计算式(5-85)，可求得土颗粒起动时的表面流速，即裂缝水流底部 $y=-h$ 处的流速：

$$u_{x|y=-h}=u_{\mathrm{bcr}}=\frac{\gamma_{\mathrm{w}}(J_{\mathrm{cr}}+\sin\theta)(\sqrt{nK}h+K)}{\eta} \tag{5-99}$$

由于式(5-99)中，渗透率 K 与渗透系数 k 的关系为 $K=\eta k/\gamma_{\mathrm{w}}$，则式(5-99)可改写为

$$u_{\mathrm{bcr}}=(J_{\mathrm{cr}}+\sin\theta)\left(h\sqrt{\frac{nk\gamma_{\mathrm{w}}}{\eta}}+k\right) \tag{5-100}$$

联立式(5-98)与式(5-100)，可得到土颗粒受水流冲刷起动时的临界水力坡度，即裂缝发生接触冲刷时的临界水力坡度 J_{cr}：

$$J_{\mathrm{cr}}=\sqrt{\frac{m_{4}^{2}}{4m_{1}^{2}m_{5}^{4}}+\frac{m_{2}+m_{3}+m_{4}\sin\theta}{m_{1}m_{5}^{2}}}-\frac{m_{4}}{2m_{1}m_{5}^{2}}-\sin\theta \tag{5-101}$$

式中，

$$m_1 = \frac{1}{8} d (C_{\mathrm{D}} + C_{\mathrm{L}} \tan \varphi) \tag{5-102}$$

$$m_2 = \frac{1}{6} (G_{\mathrm{s}} - 1) g d^2 \cos \theta \tan \varphi \tag{5-103}$$

$$m_3 = \frac{1}{2} \varepsilon_0 \left(\frac{\gamma_0}{\gamma_{0*}} \right)^{2.5} \tag{5-104}$$

$$m_4 = \frac{\pi}{6(1-n)} g d^2 \tag{5-105}$$

$$m_5 = h \sqrt{\frac{n k \gamma_{\mathrm{w}}}{\eta}} + k \tag{5-106}$$

上举力系数 C_{L} 和拖曳力系数 C_{D} 与水流的运动状态有关，按周双等(2016)的研究进行取值；综合黏结力参数 ε_0 及泥沙干重度与泥沙颗粒的稳定重度的比值 γ_0 / γ_{0*}，与颗粒的物理化学性质有关，对于一般的泥沙颗粒可按刘金泉等(2017)的研究进行取值；水的动力黏滞系数 η，按水温为5℃时进行取值。相关计算参数见表5-3。

表 5-3 相关计算参数

C_{L}	C_{D}	$\varepsilon_0/(\mathrm{cm^3/s^2})$	γ_0 / γ_{0*}	$\eta/(\mathrm{kPa \cdot s})$	$\gamma_{\mathrm{w}}/(\mathrm{kN/m^3})$
0.1	0.4	1.75	1	1.516×10^{-6}	10

5.3.3 接触冲刷工程实例

从物质结构和物质组成角度看，断层带属于软弱夹层的一种。为了验证本节所推导公式的正确性，以张家发等(2015)、邓争荣等(2012)对伊江上游其培水电站坝基 F_{41} 断层原状样的渗透变形试验成果作为对比进行说明。其培水电站位于缅甸境内的伊江上游，为混凝土重力坝，坝高 200m 左右，坝址基岩主要由变质岩组成，其左坝肩发育有 F_{41}、F_{42} 断层，规模较大。断层带物质主要由碎粉岩、碎裂岩及断层泥化物组成，岩体裂隙发育，力学性能较差。F_{41} 断层带呈黄色，含有较多的团块，部分团块用手捻即破碎，力学强度较低。张家发等(2015)对 F_{41} 断层带原状样的渗透变形试验采用水平渗透的方式(水流方向平行于顺断层带的方向)，试验中当观察到试样中的细颗粒开始被水流带出时，即判定试样已经发生了渗透变形。

为符合算例要求，取编号为 F41-9LU-4 的试样。该试样位于断层带与下盘接触处，裂缝较发育。现场原状样的渗透变形试验说明，该试样的破坏方式为接触冲刷破坏。假定试样中裂缝与水平面的夹角为 10°，裂缝开度为 5mm，土体基本参数见表 5-4。由于张家发等(2015)的研究中缺少土体部分基本参数，故结合描述同一断层带位置的邓争荣等(2012)的研究进行综合取值，其中孔隙度 n 为邓争荣等(2012)研究中的孔隙比，按相关公式换算得到。将相应参数代入式(5-100)，可得软弱夹层产生渗流接触冲刷时的临界水力坡度，计算结果见表 5-4。

表 5-4　土体基本参数及计算结果

土体基本参数							J_{cr} 结果对比	
粒径 d/mm	摩擦角 φ/(°)	颗粒比重 G_s	渗透系数 k/(cm/s)	孔隙度 n	裂缝开度 $2h$/mm	倾角 θ/(°)	实测值	计算值
0.18	32.9	2.68	8.6×10^{-4}	0.36	5.0	10.0	3.6	3.3

由表 5-4 中实测值与计算值对比可知，采用式(5-100)所计算出的结果与张家发等(2015)的试验结果比较吻合。因此，本节的理论推求公式是合理有效的，具有工程参考应用价值。

5.4　拖曳力作用下斜坡颗粒起动

土壤侵蚀作为一种十分严重的全球性环境问题受到广泛关注(Trimble and Crosson，2000；Pimentel，2006)。学者们普遍认为土壤侵蚀主要受到外营力作用影响，例如风化作用、冻融作用、降雨和坡面径流作用(Abdulkadir et al.，2019；Geng et al.，2017)。除此之外，土壤侵蚀还和土体性质有关(Liu et al.，2017，2018)。作为土壤侵蚀的一种，水力侵蚀广泛分布，尤其是在山区。水力侵蚀过程中，土壤或其他坡积物在水力作用下发生剥蚀、运移，为地质灾害提供丰富物源。因此，有必要从水土流失的角度关注边坡失稳机理。

在自然界中，土壤和其他沉积物可分有黏性和无黏性沉积物。与有黏性沉积物相比，无黏性沉积物由于颗粒之间没有黏结更容易被水流冲走。由于水力侵蚀的过程是渐进的，表面沉积物颗粒被逐层冲走，最终导致边坡整体失稳。因此，作为水土流失的研究分支，对坡体颗粒物起动的研究在评估边坡失稳方面起着至关重要的作用。Wiberg 和 Smith(1987)通过单一颗粒的稳定性推导了评判颗粒起动的准则，并提出将临界流速或无量纲临界切应力作为颗粒起动判据的标准(Wiberg and Smith，1987；Beheshti and Ataie-Ashtiani，2008；Hossein et al.，2016)。研究表明，颗粒起动的各种判据主要基于无量纲剪应力(Cao et al.，2006；Cheng，2004；Beheshti and Ataie-Ashtiani，2008)和临界剪切速度(Mao et al.，2011；赵春红等，2013；Bong et al.，2016)。褚君达(1993)、Kociuba 和 Janicki(2014)、

Komar(1987)、Mcnamara 和 Borden(2004)、Milan(2013)、Miller 等(1977)提出不同的无量纲临界剪应力的取值，对无黏性沉积物的颗粒起动判据尚未统一。此外，临界剪切流速是用于预测颗粒起动的另一种标准。Bong 等(2016)进行了大量实验，并根据临界流速判据分析了沉积物厚度对颗粒起动的影响。May(2003)、Zounemat-Kermani 等(2018)报道了不同的剪切流速临界判据，以描述不同条件下的颗粒起动问题。Abrahams 等(1988)和 Guy 等(2009)指出 Shields 准则不适用于斜坡上的浅水流冲刷，尤其是在降雨条件下。

5.4.1 坡面流场分析

松散土坡广泛分布于山区，由松散土颗粒经强风化作用堆积在斜坡表面而形成。这些土颗粒，尤其是无黏性土颗粒(例如砂、卵石)，易受到外力扰动，如强降雨、地震等。为研究坡面水流的冲刷效应，建立如图 5-16 所示的数学模型。图中θ是坡角，L、b、n 和 K 分别是斜坡长度、土层厚度、土的孔隙率以及土的渗透率，h 是坡面径流水深。建立的 xoy 坐标系如图 5-16 所示。

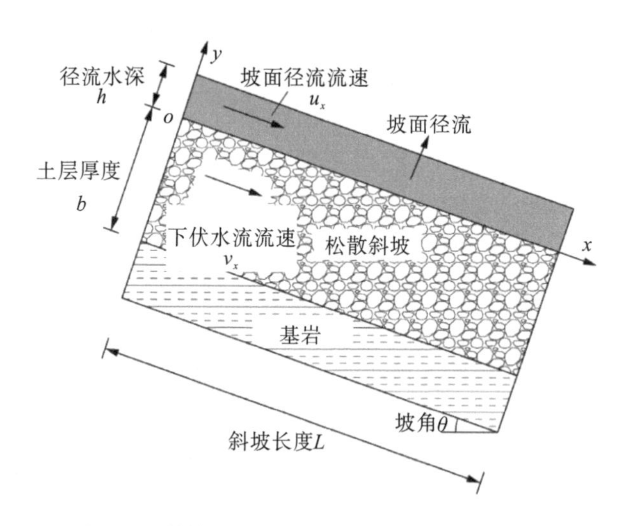

图 5-16 松散土坡渗流-径流耦合数学模型示意图

为简化研究，做出如下假设。

(1)松散土坡下边的基岩不透水，基岩表面呈一条直线，且土坡厚度沿 x 方向恒定不变。

(2)渗流、径流均为恒定流，即$\partial u_x/\partial t = \partial v_x/\partial t = 0$。

(3)渗流、径流运动均为一维流，即水流流速在 y 方向为 0。

(4)坡角应小于松散土样的内摩擦角，以保证土坡在无扰动状态下稳定。

(5)实际上，由水流方程组得到的径流水深空间分布不均，在这里仅假设水深沿 x 方向恒定不变。

(6)坡面水流为层流，且可由 N-S 方程描述，则水流沿 x 方向的表达式为

$$f_x - \frac{1}{\rho}\frac{\partial p}{\partial x} + \upsilon\left(\frac{\partial^2 u_x}{\partial x^2} + \frac{\partial^2 u_x}{\partial y^2}\right) = u_x\frac{\partial u_x}{\partial x} + u_y\frac{\partial u_x}{\partial y} \tag{5-107}$$

式中，u_x、u_y 分别是坡面径流沿 x、y 方向的流速(LT^{-1})；p 为沿 x 方向的静水压强($ML^{-1}T^{-2}$)；ρ 为水的密度(ML^{-3})；f_x 为水流沿 x 方向的惯性力(MLT^{-2})，且 $f_x = g\sin\theta$；θ 为斜坡坡角(°)；g 为重力加速度(LT^{-2})；υ 为水的运动黏度(L^2T^{-1})。

(7)松散斜坡的渗流可由 B-D 方程描述，其沿 x 方向的表达式为

$$n\rho f_x - n\frac{\eta}{K}v_x - n\frac{\partial p}{\partial x} + \eta\left(\frac{\partial^2 v_x}{\partial x^2} + \frac{\partial^2 v_x}{\partial y^2}\right) = \frac{\rho}{n}\left(v_x\frac{\partial v_x}{\partial x} + v_y\frac{\partial v_x}{\partial y}\right) \tag{5-108}$$

式中，v_x、v_y 分别是渗流沿 x、y 方向的流速(LT^{-1})；n 为松散斜坡的孔隙率(无量纲)；K 是松散斜坡的孔隙率(L^2)，且与渗透系数 k 存在关系式 $k = K\rho g/\eta$；η 为水的动力黏度，且 $\eta = \rho\upsilon$。

二维问题中，径流、渗流的连续性方程表达分别记为式(5-109)、式(5-110)：

$$\frac{\partial u_x}{\partial x} + \frac{\partial u_y}{\partial y} = 0 \tag{5-109}$$

$$\frac{\partial v_x}{\partial x} + \frac{\partial v_y}{\partial y} = 0 \tag{5-110}$$

由 $u_y = v_y = 0$ 可得 $\partial u_x/\partial x = \partial v_x/\partial x = 0$。另有 $\partial p/\partial x = -\Delta p/L$，则式(5-107)可化简为

$$\gamma_{\mathrm{w}}\sin\theta + \frac{\Delta p}{L} + \eta\frac{\mathrm{d}^2 u_x}{\mathrm{d}y^2} = 0 \tag{5-111}$$

式中，L 为斜坡沿 x 方向的长度(L)。

求解式(5-111)的微分方程，即可得到坡面径流的流速分布：

$$u_x = -\frac{\Delta p + \gamma_{\mathrm{w}}L\sin\theta}{2\eta L}y^2 + A_1 y + A_2 \tag{5-112}$$

式中，A_1、A_2 为待求系数，由边界条件决定。

同理，亦可得到斜坡内渗流的流速分布：

$$v_x = B_1\mathrm{e}^{y\sqrt{n/K}} + B_2\mathrm{e}^{-y\sqrt{n/K}} + \frac{(\Delta p + \gamma_{\mathrm{w}}L\sin\theta)K}{\eta L} \tag{5-113}$$

式中，B_1、B_2 为待求系数，由边界条件决定。

径流、渗流流速分布示意图如图 5-17 所示，边界条件如下。

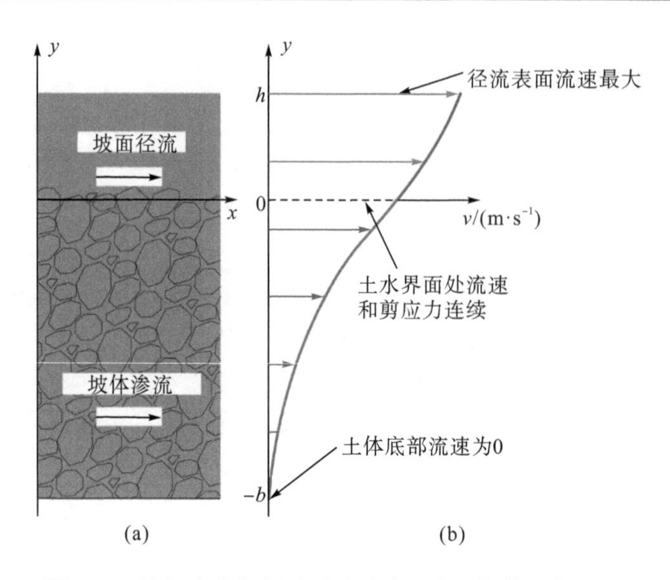

图 5-17 渗径流分布(a)和流速分布及边界条件示意图(b)

(1)在径流表面 $y = h$ 处，径流流速 u_x 最大，即 $y = h$ 时，$\mathrm{d}u_x/\mathrm{d}y = 0$。

(2)在斜坡与径流交界面 $y = 0$ 处，满足渗径流流速相等、剪应力连续的条件，即 $y = 0$ 时，$v_x = u_x$ 和 $\mathrm{d}v_x/\mathrm{d}y = n\mathrm{d}u_x/\mathrm{d}y$。

(3)在土层底部 $y = -b$ 处，渗流流速为 0。

结合上述边界条件，代入式(5-112)和式(5-113)，可求得待求系数 A_1、A_2、B_1、B_2：

$$A_1 = \frac{(\Delta p + \gamma_w L\sin\theta)h}{\eta L} \tag{5-114}$$

$$A_2 = \frac{(\Delta p + \gamma_w L\sin\theta)(h\sqrt{nK} + K)}{\eta L} \tag{5-115}$$

$$B_1 = \frac{(\Delta p + \gamma_w L\sin\theta)(h\sqrt{nK} - K\mathrm{e}^{-b\sqrt{n/K}})}{\eta L(\mathrm{e}^{-2b\sqrt{n/K}} + 1)} \tag{5-116}$$

$$B_2 = -\frac{(\Delta p + \gamma_w L\sin\theta)(h\sqrt{nK} + K\mathrm{e}^{b\sqrt{n/K}})}{\eta L(\mathrm{e}^{2b\sqrt{n/K}} + 1)} \tag{5-117}$$

式中，$\Delta p = \gamma_w \Delta H$；$\Delta H/L = i = \tan\theta$；$i$ 为水力坡度(无量纲)；ΔH 为斜坡左右两侧水头差(L)；h 为径流水深(L)。

因此，径流、渗流流速分布具体表达式可写为

$$u_x = -\frac{\gamma_w(\sin\theta + \tan\theta)}{2\eta}y^2 + \frac{\gamma_w h(\sin\theta + \tan\theta)}{\eta}y + \frac{\gamma_w(h\sqrt{nK} + K)(\sin\theta + \tan\theta)}{\eta} \tag{5-118}$$

$$v_x = \frac{\gamma_w(h\sqrt{nK} - K e^{-b\sqrt{n/K}})(\sin\theta + \tan\theta)}{\eta(e^{-2b\sqrt{n/K}} + 1)} e^{y\sqrt{n/K}} - \frac{\gamma_w(h\sqrt{nK} + K e^{b\sqrt{n/K}})(\sin\theta + \tan\theta)}{\eta(e^{2b\sqrt{n/K}} + 1)} e^{-y\sqrt{n/K}} + \frac{\gamma_w K(\sin\theta + \tan\theta)}{\eta} \tag{5-119}$$

摩阻流速 u_f 与拖曳力 τ_0 之间的关系(Petit et al.，2015)有

$$\tau_0 = \rho u_f^2 \tag{5-120}$$

另外，根据 Newton 摩擦定律，拖曳力被定义为

$$\tau_0 = \eta \left.\frac{du_x}{dy}\right|_{y=0} = \gamma_w h(\sin\theta + \tan\theta) \tag{5-121}$$

因此，摩阻流速 u_f 的表达式为

$$u_f = \sqrt{gh(\sin\theta + \tan\theta)} \tag{5-122}$$

5.4.2 颗粒起动临界水深

实际上，堆积颗粒形状不规则，且分布不均一。因此，在模型受力分析中做出如下假设以简化问题研究。

(1) 在二维问题中，堆积颗粒是圆形的，在图 5-18 中分别用 1、2、3 编号。

(2) 研究对象颗粒的暴露度被视为最小。

(3) 周围颗粒粒径采用平均粒径 d_m，因此在理想化模型中，颗粒 1、2 的粒径为 d_m，研究对象颗粒 3 的粒径为 d_i。

如图 5-18(b) 所示，作用在颗粒 3(研究对象颗粒) 的力包括重力 G、拖曳力 F_D、上举力 F_L 以及支持力 F_{N1} 和 F_{N2}。O 是颗粒 3 的支点，O_1、O_2 和 O_3 分别是颗粒 1、2、3 的圆心，l_1、l_2 和 l_3 分别是 G、F_D 和 F_L 的力臂，且满足几何关系：

$$l_1 = 0.5d_i \sin(\varphi - \theta) \tag{5-123}$$

$$l_2 = 0.5d_i \cos\theta \tag{5-124}$$

$$l_3 = 0.5d_i \sin\theta \tag{5-125}$$

式中，

$$\varphi = \sin^{-1}\left(\frac{d_i}{d_m + d_i}\right) \tag{5-126}$$

在松散边坡稳定分析中，G、F_D 和 F_L 应被考虑，相应的表达式分别为

$$G = \alpha_G(\gamma_s - \gamma_w)d_i^3 \tag{5-127}$$

$$F_D = C_D \frac{\rho\pi(d_i u_f)^2}{8} \tag{5-128}$$

$$F_{\mathrm{L}}=C_{\mathrm{L}}\frac{\rho\pi(d_{\mathrm{i}}u_{\mathrm{f}})^{2}}{8} \tag{5-129}$$

式中，α_{G}为体积系数(无量纲)，且当研究颗粒为球形时$\alpha_{\mathrm{G}}=\pi/6$；$C_{\mathrm{D}}$为拖曳力系数(无量纲)；$C_{\mathrm{L}}$为上举力系数(无量纲)。

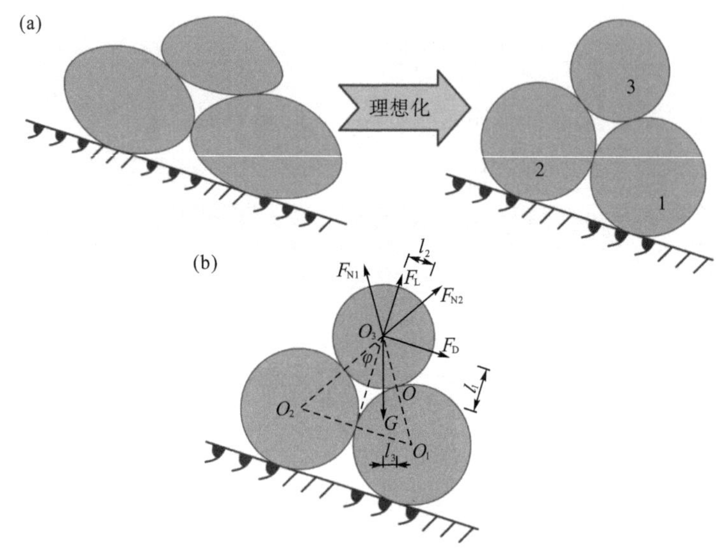

图 5-18 实际颗粒堆积模型及其理想化模型(a)和理想化模型受力分析(b)

滚动失稳是堆积颗粒起动的主要破坏形式。当支持力$F_{\mathrm{N2}}=0$时，颗粒3处于临界状态，此刻的径流水深被定义为临界径流水深，其与摩阻流速、无因次切应力相比更易于测量。

在图5-18(b)中，支点O与支持力F_{N1}共线，因此在力矩平衡方程中不考虑该项，则该方程可写为

$$Gl_{1}=F_{\mathrm{D}}l_{2}+F_{\mathrm{L}}l_{3} \tag{5-130}$$

将式(5-127)～式(5-129)代入式(5-130)可得

$$\frac{\pi}{12}(\gamma_{\mathrm{s}}-\gamma_{\mathrm{w}})d_{\mathrm{i}}^{4}\sin(\varphi-\theta)=\frac{\rho\pi(d_{\mathrm{i}}u_{\mathrm{f}})^{2}}{16}(C_{\mathrm{D}}\cos\varphi+C_{\mathrm{L}}\sin\varphi) \tag{5-131}$$

联立式(5-122)、式(5-131)，求得临界径流水深h_{cr}的显示表达式：

$$h_{\mathrm{cr}}=\frac{4(\gamma_{\mathrm{s}}-\gamma_{\mathrm{w}})d_{\mathrm{i}}\sin(\varphi-\theta)}{3\gamma_{\mathrm{w}}(C_{\mathrm{D}}\cos\varphi+C_{\mathrm{L}}\sin\varphi)(\sin\theta+\tan\theta)} \tag{5-132}$$

5.4.3 试验验证

为验证新的无黏性土颗粒起动判据，采用自行设计的一种冲刷试验装置(图5-19)，同时选用高速摄像机捕捉试验时的径流水深。装置主要可分为三个部分：

滑槽、水箱和导水槽。

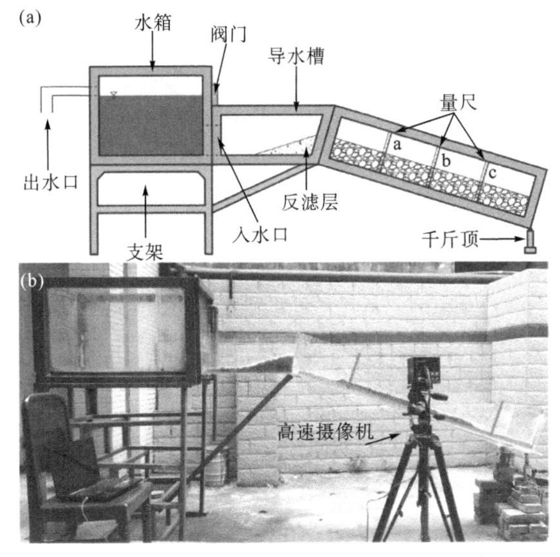

图 5-19 冲刷试验装置示意图(a)和实物图(b)

阀门用于控制径流流量，当阀门开启后，水流从水箱流向导水槽。反滤层设置在导水槽中，以减缓水流流速，保证松散斜坡不被水流直接冲毁。松散斜坡铺设在滑槽内，且斜坡表面与滑槽面平行。滑槽坡角则可以通过千斤顶进行调节。为保证水流流量恒定，可通过不断向水箱内注水，并设置排水口排掉多余水量，保证水箱内水位稳定不变。

临界径流水深与颗粒粒径、坡角相关。选用了三组粒径：$0<d_i\leqslant 5$mm、5mm $<d_i\leqslant 10$mm、10mm$<d_i\leqslant 20$mm(图 5-20)，以及五组坡度：20°、22°、24°、26°和28°。在滑槽一侧，分别在上、中、下三个部位设置刻度尺 a、b、c 以测量滑槽不同部位的临界径流水深数据[图 5-19(a)]。每组粒径的斜坡试验中，可以调整到不同坡度进行冲刷试验，并记录测量数据。

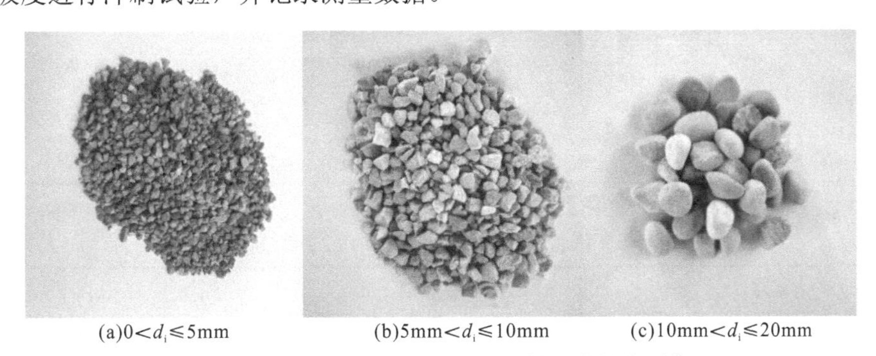

(a)$0<d_i\leqslant 5$mm (b)5mm$<d_i\leqslant 10$mm (c)10mm$<d_i\leqslant 20$mm

图 5-20 试验中使用的不同粒径的无黏性土颗粒

测量数据见表 5-5，包括了 a、b、c 三处的临界径流水深，以及最终的平均值。表 5-6 列举了试验中的相关参数，这些参数将用于式(5-132)，且表中的拖曳力系数、上举力系数取值参考(周双等，2016)。

理论值、试验结果以及绝对误差值均囊括在图 5-21 中，图 5-21 表示不同粒径($0<d_i\leqslant5$mm、$5\text{mm}<d_i\leqslant10$mm、$10\text{mm}<d_i\leqslant20$mm)下得到的临界径流水深结果。

在图 5-21 中，试验值、理论值均与坡度 θ 呈负相关，与颗粒粒径 d_i 呈正相关。另外，理论值与试验值的吻合程度较高，绝对误差值未超过 3.5mm，其中粒径为 $0<d_i\leqslant5$mm、$5\text{mm}<d_i\leqslant10$mm、$10\text{mm}<d_i\leqslant20$mm 的预测最大误差分别为 0.5mm、1mm、3.5mm。

表 5-5　不同粒径、坡度下冲刷试验值

颗粒粒径/mm	坡角/(°)	不同刻度尺测量的径流水深/mm			平均值/mm
		a	b	c	
$0<d_i\leqslant5$ $d_m=2.5$	20	3.00	3.00	3.00	3.00
	22	2.50	2.50	2.50	2.50
	24	1.80	1.80	1.60	1.73
	26	1.50	1.20	1.20	1.30
	28	1.00	1.00	1.00	1.00
$5<d_i\leqslant10$ $d_m=7.5$	20	5.50	5.50	5.50	5.50
	22	5.00	4.80	4.80	4.87
	24	3.50	3.50	3.20	3.40
	26	2.80	2.50	2.50	2.60
	28	1.50	1.50	1.50	1.50
$10<d_i\leqslant20$ $d_m=15$	20	8.50	8.50	8.00	8.33
	22	6.80	6.80	6.50	6.70
	24	5.20	5.00	5.00	5.07
	26	4.00	4.00	3.80	3.93
	28	2.50	2.50	2.50	2.50

表 5-6　试验材料可用于估算 h_{cr} 的各参数值

γ_w/(kN/m^3)	γ_s/(kN/m^3)	C_D	C_L
10	18	0.4	0.1

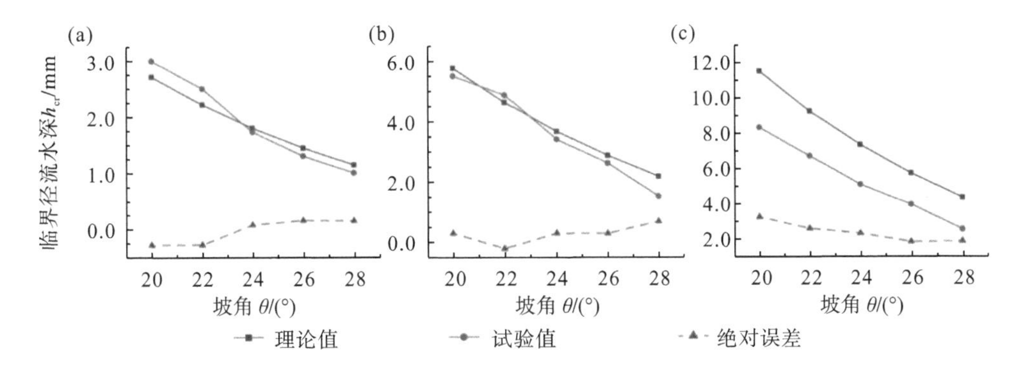

图 5-21　不同坡度下 h_{cr} 理论值与试验值比较

5.5　拖曳力作用下降雨导致浅层滑坡

滑坡是我国最严重的自然灾害之一。滑坡灾害会造成巨大的人员伤亡和财产损失，如 2011 年“9.16”特大暴雨诱发四川省南江县发生数以千计的缓倾角浅层土质滑坡，造成大量建筑物损毁。诱发滑坡的因素有很多，包括降雨、地震及人工开挖等，其中，降雨是诱发浅层滑坡最关键的因素(Brand，1984；Cho，2015)。据统计，我国约 90%的滑坡是由降雨直接或间接诱发的。大量研究资料表明，降雨诱发的滑坡以浅层滑坡为主，滑体厚度为 1～5m，且降雨诱发的浅层滑坡大都是顺基岩面发生的(Montrasio et al.，2009)。

2011 年 9 月 17 日至 18 日，四川省南江县因遭受持续特大暴雨，导致区内发生 1162 处降雨型滑坡。这些滑坡大多为浅层土质滑坡，滑体厚度多小于 5m(张群等，2016)。此外，2015 年 12 月 20 日，深圳光明新区渣土受纳场发生大规模滑坡灾害，造成 73 人死亡，4 人失联，33 栋房屋受损，直接经济损失达 8.81 亿元(徐永强，2016)。因此，无论是大范围群发性滑坡还是大规模单体滑坡都会给人员安全带来巨大威胁。显然，降雨条件下浅层边坡的稳定问题值得深入讨论。

关于降雨型浅层土坡失稳，学者们普遍认为这是由于强降雨条件下土坡内孔隙水压力增加、岩土体软化以及坡体渗流力引起的(Xia et al.，2015)。孔隙水压力增加将降低土体有效应力，从而导致土体抗剪强度参数减小，最终导致斜坡失稳(Brand，1984；Brand et al.，1984；Montrasio et al.，2009；Liu et al.，2015)。Terzaghi(1950)首次提出了降雨引起的孔隙水压力增加和渗流力作用是诱发滑坡的主要原因。Cho(2015)发现降雨入渗会显著降低非饱和土的基质吸力和抗滑力，从而诱发滑坡。Matsuura 等(2008)及 Wang 和 Sassa(2009)指出绝大多数浅层滑坡都是由于短期集中降雨导致孔隙水压力突变造成的。

5.5.1 浅层土坡流场分析

强降雨或冰雪消融形成的坡面径流常对松散边坡产生冲刷侵蚀作用。这种冲刷作用随着流量增加而显著加强，从而对斜坡稳定形成潜在威胁。为了研究坡面径流对浅层土坡的拖曳力效应，建立图 5-22 所示的渗流-径流耦合分析模型。

图 5-22 所示模型中，松散边坡坡体长度、厚度以及斜坡坡度分别为 L、b 和 θ，斜坡土体孔隙率和渗透率分别为 n 和 K，坡面径流水深为 h。在平面直角坐标系中，坡体渗流沿 x 方向的流速为 v_x，坡面径流沿 x 方向的流速为 u_x。z 轴垂直于 xoy 平面，按照模型对斜坡流场特征进行分析。

斜坡表面天然流体运动是三维问题，非常复杂。为简化研究，做出以下假设。

(1) 只考虑沿 x 方向的水流运动，y 方向流速为 0。

(2) 松散斜坡土体均匀，坡体沿 x 方向无限延伸。

(3) 流体为 Newton 流体，且为充分发展流。

(4) 流体为层流，且流体不可压缩，满足连续性方程。

(5) 下伏基岩视为不透水介质。

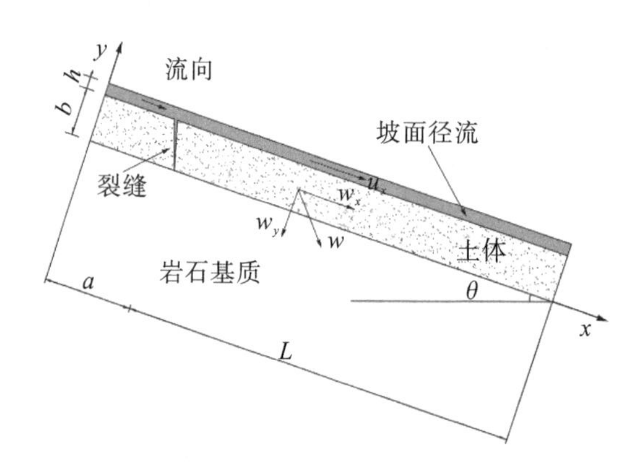

图 5-22 渗流-径流耦合分析模型

坡体渗流用 B-D 方程描述：

$$n\rho f - n\nabla\overline{p} + \eta\nabla^2\overline{v} - n\frac{\eta}{K}\overline{v} = \frac{\rho}{n}(\overline{v}\cdot\nabla)\overline{v} \tag{5-133}$$

式中，$\overline{v}$ 为松散边坡土体的渗流流速（LT^{-1}）；$\overline{p}$ 为流体压强（$ML^{-1}T^{-2}$）；η 为水的动力黏度（$ML^{-1}T^{-1}$）；ρ 为水的密度（ML^{-3}）；n 为边坡土体的孔隙率（无量纲）；f 为惯性力（MLT^{-2}）；K 为边坡土体的渗透率（L^2）；∇ 为 Hamilton 算子。

坡面径流满足 N-S 方程：

$$f-\nabla\overline{p}+\eta\nabla^2\overline{u}=\rho_{\mathrm{w}}(\overline{u}\cdot\nabla)\overline{u} \tag{5-134}$$

式中，$\overline{u}$ 为径流流速(LT^{-1})。

在此，连续性方程表示如下：

$$\frac{\partial u_x}{\partial x}+\frac{\partial u_y}{\partial y}+\frac{\partial u_z}{\partial z}=0 \tag{5-135}$$

式中，u_x 为径流沿 x 方向的流速(LT^{-1})；u_y 为径流沿 y 方向的流速(LT^{-1})；u_z 为径流沿 z 方向的流速(LT^{-1})。

沿 x 方向，N-S 方程可以展开为

$$\begin{aligned}&f_x-\frac{1}{\rho}\frac{\partial p}{\partial x}+\upsilon\left(\frac{\partial^2 u_x}{\partial x^2}+\frac{\partial^2 u_x}{\partial y^2}+\frac{\partial^2 u_x}{\partial z^2}\right)\\&-\left(u_x\frac{\partial u_x}{\partial x}+u_y\frac{\partial u_x}{\partial y}+u_z\frac{\partial u_x}{\partial z}\right)-\frac{\partial u_x}{\partial t}=0\end{aligned} \tag{5-136}$$

式中，f_x 为水流沿 x 方向的惯性力(MLT^{-2})；p 为沿 x 方向的压强$(\mathrm{ML}^{-1}\mathrm{T}^{-2})$；$\upsilon$为水的运动黏度$(\mathrm{L}^2\mathrm{T}^{-1})$，$\upsilon=\eta/\rho$。

由于径流只沿 x 方向流动，即 $u_y=u_z=0$，可以得到$\partial u_y/\partial y=\partial u_z/\partial z=0$，将其代入式(5-135)可得$\partial u_x/\partial x=0$；径流沿 x 方向的流速 u_x 在 z 方向保持不变，即$\partial u_x/\partial z=0$；沿 x 方向，惯性力分量可以表示为$f_x=g\sin\theta$，压强变化可以等效为 $\mathrm{d}p/\mathrm{d}x=-\Delta p/L$。将这些条件代入式(5-136)，化简可得

$$\eta\frac{\mathrm{d}^2 u_x}{\mathrm{d}y^2}+\frac{\Delta p}{L}+\gamma_{\mathrm{w}}\sin\theta=0 \tag{5-137}$$

式中，γ_{w} 为水的容重$(\mathrm{ML}^{-2}\mathrm{T}^{-2})$。

求解式(5-137)，得到径流流速：

$$u_x=-\frac{\Delta p+\gamma_{\mathrm{w}}L\sin\theta}{2\eta L}y^2+A_1 y+A_2 \tag{5-138}$$

式中，A_1、A_2 为待求系数。

根据基本假设，坡体渗流满足连续性方程和 B-D 方程。对应的连续性方程可以表示为

$$\frac{\partial v_x}{\partial x}+\frac{\partial v_y}{\partial y}+\frac{\partial v_z}{\partial z}=0 \tag{5-139}$$

式中，v_x、v_y、v_z 分别为散粒体斜坡中水流沿 x、y、z 方向的流速(LT^{-1})。

沿 x 方向，B-D 方程可以表示为

$$n\rho f_x - n\frac{\eta}{K}v_x - n\frac{\partial p}{\partial x} + \eta\left(\frac{\partial^2 v_x}{\partial x^2} + \frac{\partial^2 v_x}{\partial y^2} + \frac{\partial^2 v_x}{\partial z^2}\right) - \frac{\rho}{n}\left(v_x\frac{\partial v_x}{\partial x} + v_y\frac{\partial v_x}{\partial y} + v_z\frac{\partial v_x}{\partial z}\right) = 0 \tag{5-140}$$

根据基本假设，土坡渗流为稳定渗流，沿 y 和 z 方向的流速均为 0，即 $v_y = v_z = 0$，因此$\partial v_y/\partial y = \partial v_z/\partial z = 0$。将其代入式(5-139)，则得$\partial v_x/\partial x = 0$。此外，渗流沿 x 方向的流速 v_x 在 z 方向保持不变，即$\partial v_x/\partial z = 0$；沿 x 方向，惯性力分量可以表示为$f_x = g\sin\theta$，压强变化可以等效为 $\mathrm{d}p/\mathrm{d}x = -\Delta p/L$。同上，土坡渗流为稳定渗流，$\partial v_x/\partial t = 0$。将这些条件代入式(5-140)，化简可得

$$\frac{\mathrm{d}^2 v_x}{\mathrm{d}y^2} - n\frac{v_x}{K} + n\frac{\Delta p}{\eta L} + n\frac{\gamma_\mathrm{w}\sin\theta}{\eta} = 0 \tag{5-141}$$

求解式(5-141)，得到渗流流速：

$$v_x = B_1\mathrm{e}^{y\sqrt{n/K}} + B_2\mathrm{e}^{-y\sqrt{n/K}} + \frac{(\Delta p + \gamma_\mathrm{w}L\sin\theta)K}{\eta L} \tag{5-142}$$

式中，B_1 和 B_2 为待求系数。

根据分析模型，坡面径流流速 u_x 和坡体渗流流速 v_x 满足下列边界条件。

(1) 在 $y = h$ 处，径流流速 u_x 为极大值，满足 $\mathrm{d}u_x/\mathrm{d}y = 0$。

(2) 在 $y = 0$ 处，满足流速相等、切应力连续边界条件，即 $v_x = u_x$，且 $\frac{1}{n}\frac{\mathrm{d}v_x}{\mathrm{d}y} = \frac{\mathrm{d}u_x}{\mathrm{d}y}$。

(3) 在 $y = -b$ 处，坡体渗流流速为零，即 $v_x = 0$。

分别将上述条件代入式(5-138)和式(5-142)，求解可得 A_1、A_2、B_1、B_2：

$$A_1 = \frac{(\Delta p + \gamma_\mathrm{w}L\sin\theta)h}{\eta L} \tag{5-143}$$

$$A_2 = \frac{(\Delta p + \gamma_\mathrm{w}L\sin\theta)(h\sqrt{nK} + K)}{\eta L} \tag{5-144}$$

$$B_1 = \frac{(\Delta p + \gamma_\mathrm{w}L\sin\theta)(h\sqrt{nK} - K\mathrm{e}^{-b\sqrt{n/K}})}{\eta L(\mathrm{e}^{-2b\sqrt{n/K}} + 1)} \tag{5-145}$$

$$B_2 = -\frac{(\Delta p + \gamma_\mathrm{w}L\sin\theta)(h\sqrt{nK} + K\mathrm{e}^{b\sqrt{n/K}})}{\eta L(\mathrm{e}^{2b\sqrt{n/K}} + 1)} \tag{5-146}$$

把 A_1、A_2、B_1 和 B_2 的值分别代入式(5-138)和式(5-142)可分别写出径流的流速 u_x 和松散边坡土体中水流的流速 v_x 表达式：

$$
\begin{aligned}
u_x =& -\frac{\Delta p+\gamma_{\mathrm{w}} L\sin\theta}{2\eta L}y^2+\frac{(\Delta p+\gamma_{\mathrm{w}} L\sin\theta)h}{\eta L}y \\
&+\frac{(\Delta p+\gamma_{\mathrm{w}} L\sin\theta)(h\sqrt{nK}+K)}{\eta L}
\end{aligned}
\tag{5-147}
$$

$$
\begin{aligned}
v_x =& \frac{(\Delta p+\gamma_{\mathrm{w}} L\sin\theta)(h\sqrt{nK}-K\mathrm{e}^{-b\sqrt{n/K}})}{\eta L(\mathrm{e}^{-2b\sqrt{n/K}}+1)}\mathrm{e}^{y\sqrt{n/K}} \\
&-\frac{(\Delta p+\gamma_{\mathrm{w}} L\sin\theta)(h\sqrt{nK}+K\mathrm{e}^{b\sqrt{n/K}})}{\eta L(\mathrm{e}^{2b\sqrt{n/K}}+1)}\mathrm{e}^{-y\sqrt{n/K}} \\
&+\frac{(\Delta p+\gamma_{\mathrm{w}} L\sin\theta)K}{\eta L}
\end{aligned}
\tag{5-148}
$$

由于 $\Delta p=\ \gamma_{\mathrm{w}}\Delta H$，而 $\Delta H/L=i$，$i=\tan\theta$，i 为水力坡降，ΔH 为土体两端水头差，故式(5-147)和式(5-148)可化为

$$
\begin{aligned}
u_x =& -\frac{\gamma_{\mathrm{w}}(\sin\theta+\tan\theta)}{2\eta}y^2+\frac{\gamma_{\mathrm{w}}h(\sin\theta+\tan\theta)}{\eta}y \\
&+\frac{\gamma_{\mathrm{w}}(h\sqrt{nK}+K)(\sin\theta+\tan\theta)}{\eta}
\end{aligned}
\tag{5-149}
$$

$$
\begin{aligned}
v_x =& \frac{\gamma_{\mathrm{w}}(h\sqrt{nK}-K\mathrm{e}^{-b\sqrt{n/K}})(\sin\theta+\tan\theta)}{\eta(\mathrm{e}^{-2b\sqrt{n/K}}+1)}\mathrm{e}^{y\sqrt{n/K}} \\
&-\frac{\gamma_{\mathrm{w}}(h\sqrt{nK}+K\mathrm{e}^{b\sqrt{n/K}})(\sin\theta+\tan\theta)}{\eta(\mathrm{e}^{-2b\sqrt{n/K}}+1)}\mathrm{e}^{-y\sqrt{n/K}} \\
&+\frac{\gamma_{\mathrm{w}}K(\sin\theta+\tan\theta)}{\eta}
\end{aligned}
\tag{5-150}
$$

5.5.2　浅层土坡拖曳力效应

强降雨不仅可以导致土体饱和和土体强度降低，还可以在坡面形成坡面径流。径流运动会对坡体产生拖拽作用，即拖曳力效应。在细观尺度，径流拖曳力效应可以造成颗粒滑动或滚动；在宏观尺度，径流拖曳力效应甚至可以导致坡体失稳。

根据 Newton 内摩擦定律，水流切应力可以表示为

$$
\tau=\eta\frac{\mathrm{d}u}{\mathrm{d}y}
\tag{5-151}
$$

式中，τ为切应力($\mathrm{ML^{-1}T^{-2}}$)；u 为径流流速($\mathrm{LT^{-1}}$)；其余符号意义同前。

将坡面径流流速 u_x[式(5-149)]代入式(5-151)，化简可以得到沿 x 方向的径流切应力 τ_x：

$$
\tau_x=\gamma_{\mathrm{w}}(\sin\theta+\tan\theta)(h-y)
\tag{5-152}
$$

在坡体表面 $y=0$ 处，水流切应力为径流对坡体的切应力 τ_s：

$$\tau_s=\gamma_w h(\sin\theta+\tan\theta) \tag{5-153}$$

分析式(5-153)发现，斜坡坡度 θ 和径流水深 h 会影响径流对坡体切应力 τ_s 的大小，且随着斜坡坡度 θ 和径流水深 h 的增大，径流对坡体的切应力 τ_s 也不断增大。

1. 拖曳力效应对坡体颗粒的影响

对于散粒体斜坡单个土颗粒，一般有滑动和滚动两种运动方式。处于特定斜坡的土颗粒，其状态受到斜坡坡度和土颗粒本身的性质、外界环境等因素的影响。下面主要针对均质颗粒进行分析，为便于研究，做出如下假设。

(1) 土颗粒只沿坡面向下方向运动，为平面运动。

(2) 土颗粒假定为不可压缩均质球体，球体半径为 r。

(3) 忽略范德瓦耳斯力、惯性力等微观力对颗粒的影响。

(4) 斜坡的坡度小于此类散粒体颗粒的天然休止角，忽略颗粒间黏聚力，在水流作用下，颗粒发生滑动或滚动破坏。

针对径流条件下坡体表面单颗粒滑动稳定的受力情况进行分析，如图 5-23 所示，作用于土颗粒的力有：重力 G，竖直向下；浮力 F_b，竖直向上；上举力 F_L 和支持力 F_N，垂直于坡面向上；拖曳力 F_D，平行于坡面向下；摩擦力 F_f，平行于坡面向上。

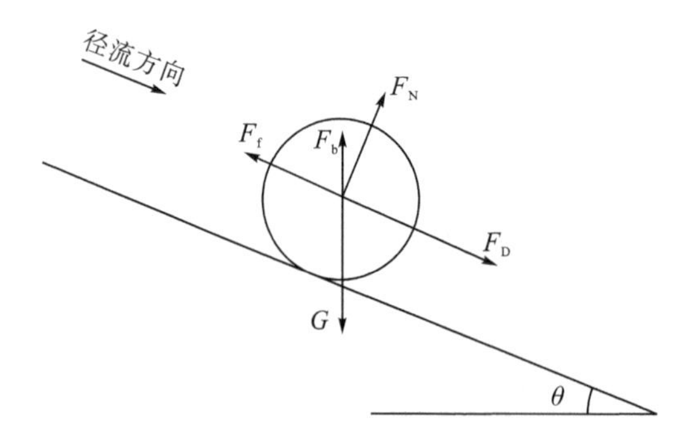

图 5-23 径流作用下土颗粒滑动失稳分析图

根据式(5-149)，求得坡体表面流速，即 $y=0$ 处的流速：

$$u_s=\frac{\gamma_w(h\sqrt{nK}+K)(\sin\theta+\tan\theta)}{\eta} \tag{5-154}$$

分析式(5-154)可知，斜坡坡度 θ、径流水深 h、斜坡土体孔隙率 n 和土体渗透率 K 均会对坡体表面流速产生影响，且坡体表面流速随这些因素的值增大而增大。

土颗粒受到的重力 G、浮力 F_b 和上举力 F_L 可通过下列公式进行求解：

$$G = \frac{4\pi}{3} r^3 \gamma_s \tag{5-155}$$

$$F_b = \frac{4\pi}{3} r^3 \gamma_w \tag{5-156}$$

$$F_L = \frac{\pi}{2} C_L \rho r^2 {u_s}^2 \tag{5-157}$$

式中，γ_s 为土颗粒的容重($ML^{-2}T^{-2}$)；C_L 为上举力系数，可按 Deng 和 Martinez(2005)的方法求解。

土颗粒受到的支持力 F_N 可以表示为

$$F_N = (G - F_b)\cos\theta - F_L \tag{5-158}$$

摩擦力 F_f 可以表示为

$$F_f = F_N \tan\varphi = (G - F_b)\cos\theta\tan\varphi - F_L\tan\varphi \tag{5-159}$$

式中，φ为颗粒间的内摩擦角。

分别将式(5-155)～式(5-157)代入式(5-159)，整理得到 F_f 的表达式：

$$F_f = \frac{4}{3}\pi r^3(\gamma_s - \gamma_w)\cos\theta\tan\varphi - \frac{\pi}{2} C_L \rho r^2 {u_s}^2 \tan\varphi \tag{5-160}$$

于是求得的拖曳力 F_D 如下：

$$F_D = A_s \tau_s = 4\pi r^2 \tau_s = 4\pi r^2 \gamma_w h(\sin\theta + \tan\theta) \tag{5-161}$$

式中，A_s 为颗粒比表面积。

采用刚体极限平衡理论定义颗粒的抗滑稳定系数 F_s：

$$F_s = \frac{F_f + F_b\sin\theta}{F_D + G\sin\theta} \tag{5-162}$$

于是，可求得 F_s 的具体表达式：

$$F_s = \frac{8\pi r(\gamma_s - \gamma_w)\cos\theta\tan\varphi - 3\pi C_L \rho {u_s}^2 \tan\varphi + 8\pi r^3 \gamma_w \sin\theta}{4\pi r^2 \gamma_w h(\sin\theta + \tan\theta) + 8\pi r^3 \gamma_s \sin\theta} \tag{5-163}$$

分析式(5-163)可知，颗粒的抗滑稳定系数 F_s 受到斜坡坡度θ、径流水深 h、颗粒半径 r、颗粒间的内摩擦角φ、土体孔隙率 n 和渗透率 K 影响；其值随着颗粒半径、内摩擦角、土体孔隙率和渗透率增大而增大，随径流水深和斜坡坡度的增大而减小。此外，拖曳力作为不利因素，其值越大，稳定系数越小。

颗粒受到外力作用后可能会发生滑动，也可能会发生滚动。针对颗粒滚动失稳分析时，要首先确定其失稳所需要满足的条件。如图 5-24 所示，颗粒与颗粒相互接触，互相产生力的作用；对颗粒 A，若沿顺坡方向发生滚动失稳，其临界状态必然是颗粒 C 对其的作用力为 0。针对径流条件下坡体表面颗粒滚动失稳的受力情况进行分析(图 5-24)，作用于土颗粒 A 的力有：重力 G，竖直向下；浮力 F_b，竖直向上；上举力 F_L 和过球心 O_1 与 O_2 的支持力 F_N，垂直于坡面向上；拖

曳力 F_D，平行于坡面向下；颗粒 A 与 B 之间的摩擦力 F_f，平行于颗粒 A 与 B 的切面向上。

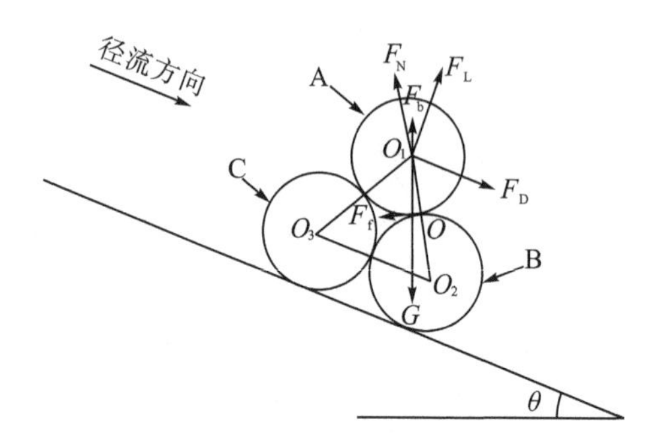

图 5-24 径流作用下土颗粒滚动失稳分析图

图 5-24 中土颗粒受到的重力 G、浮力 F_b 和上举力 F_L 可通过式(5-155)～式(5-157)求得。以颗粒 A 和 B 的切点 O 作为支点，对颗粒 A 进行滚动稳定分析，得到颗粒 A 的力矩平衡方程：

$$F_b l_b + F_L l_L + F_D l_D - G l_g = 0 \tag{5-164}$$

式中，l_b、l_L、l_D、l_g 分别为作用于土颗粒 A 的力 F_b、F_L、F_D、G 对点 O 的力臂。

通过几何关系，可以计算得到 $l_b = l_g = r\sin(30°-\theta)$、$l_L = 0.5r$、$l_D = 0.5\sqrt{3}\,r$。

把重力 G、浮力 F_b、上举力 F_L、拖曳力 F_D 代入式(5-164)，化简得

$$\begin{aligned}&\left(\frac{1}{4}C_L + \frac{\sqrt{3}}{4}C_D\right)\rho u_s^{\ 2} + (2+\sqrt{3})\gamma_w h(\sin\theta + \tan\theta)\\&-\frac{2}{3}(\gamma_s - \gamma_w) r(\cos\theta - \sqrt{3}\sin\theta) = 0\end{aligned} \tag{5-165}$$

分析式(5-165)可知，颗粒 A 是否稳定受到斜坡坡度θ、径流水深 h、颗粒半径 r、坡体表面流速 u_y 的影响，且等式左侧计算值越大，颗粒 A 越容易发生滚动失稳。

当颗粒 B 和颗粒 C 保持静止，且式(5-165)左侧计算值大于 0，颗粒 A 将发生滚动失稳；当式(5-165)左侧计算值等于 0，颗粒 A 处于临界稳定状态；而当式(5-165)左侧计算值小于 0，颗粒 A 处于稳定状态。

2. 拖曳力效应对土坡稳定性的影响

由图 5-25 可知，作用在土体上的力包括：重力 G，竖直向下；浮力 F_b，竖直向上；支持力 F_N，垂直坡面向上；渗流力 G_D 和拖曳力 F_D，平行于坡面向下；摩阻力 F_f，平行于坡面向上。

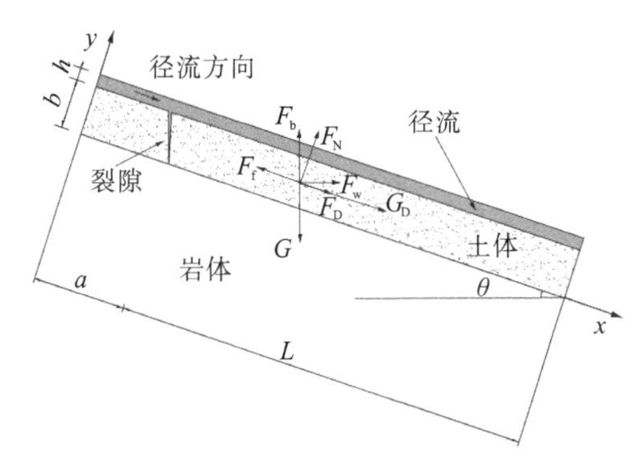

图 5-25　浅层土坡受力分析图

重力 G 和浮力 F_b 可分别由式(5-166)和式(5-167)求出：

$$G = bL\gamma_s \tag{5-166}$$

$$F_b = bL\gamma_w \tag{5-167}$$

式中，γ_s 为土体的重度($ML^{-2}T^{-2}$)。

水压合力 F_w 可由下式求出：

$$F_w = \frac{1}{2}\gamma_w b_1^2 \tag{5-168}$$

式中，b_1 为裂隙的深度。

支持力 F_N 可由下式求出：

$$F_N = (G - F_b)\cos\theta \tag{5-169}$$

摩阻力 F_f 可由下式求出：

$$F_f = F_N \tan\varphi + cL = (G - F_b)\cos\theta\tan\varphi + cL \tag{5-170}$$

式中，φ 为土的内摩擦角(°)；c 为土的黏聚力。

将式(5-166)和式(5-167)代入式(5-170)，整理得 F_f 的表达式如下：

$$F_f = bL(\gamma_s - \gamma_w)\cos\theta\tan\varphi + cL \tag{5-171}$$

求得的拖曳力 F_D：

$$F_D = L\tau_s \tag{5-172}$$

式中，

$$\tau_s = \gamma_w h(\sin\theta + \tan\theta) \tag{5-173}$$

渗流力 G_D 可由下式求出：

$$G_D = i\gamma_w L \tag{5-174}$$

将拖曳力表达式嵌入刚体极限平衡理论，可得滑体的稳定系数 K_s：

$$K_s = \frac{F_f + F_b\sin\theta}{F_D + G_D + G\sin\theta + F_w} \tag{5-175}$$

由式(5-175)可知，拖曳力 F_D 越大，则稳定系数 F_s 越小。对于坡体稳定性，拖曳力是一种不利因素，忽视这种作用将对工程安全产生不利影响。

5.5.3 降雨致滑实例

2011 年 9 月 6 日至 18 日，四川省南江县发生连续暴雨，13 天累计降雨量达 698.6mm；9 月 16 日与 18 日还突降特大暴雨，两日日均降雨量分别达到 250.4mm 与 179.1mm(张群等，2016)。连续暴雨导致南江县发生数以千计的浅层土质滑坡，据统计分析，该地区的滑坡大多为典型的缓倾角浅层土质滑坡，滑体厚度多小于 5m(图 5-26)；下部基岩为白垩系剑门关组厚层状泥岩，产状为 170°∠12°。这些滑坡多沿土层和基岩接触面滑动。

图 5-26 发生于南江县的土-岩界面滑坡(张群等，2016)

以南江县滑坡群为例，分析强降雨条件下径流拖曳力效应对浅层土坡失稳的影响。南江县滑坡群滑前典型剖面可以概化为图 5-27 所示剖面。

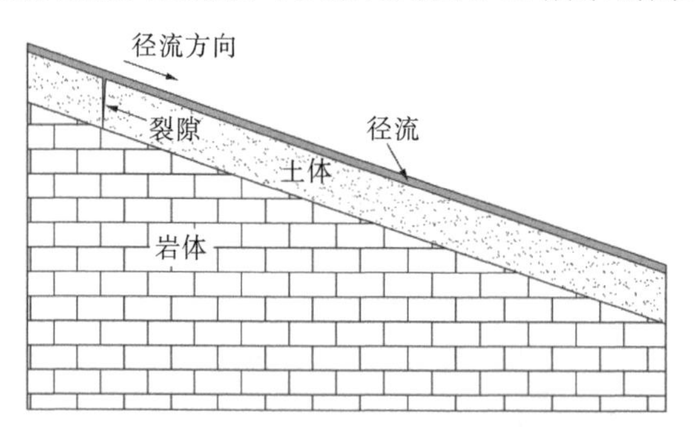

图 5-27 简化的研究区典型浅层边坡滑前剖面示意图

用于敏感性分析的参数包括坡面径流高度 h、土层厚度 b、斜坡倾角 θ 与土体抗剪强度(c，φ)值，通过改变参数值，进行参数敏感性分析(表 5-7)。假定坡面径流高度 h 为 0～0.2m；根据对该区域滑坡的统计分析，滑体厚度 b 分别选用 1.0m、1.5m、2.0m、2.5m、3.0m、3.5m、4.0m、4.5m、5.0m；斜坡倾角 θ 为 10°～18°，选用倾角较为集中的 10°、12°、14°、16°、18°进行分析；滑坡体的黏聚力 c 与内摩擦角 φ 分别取 2～8kPa 与 10°～18°。表 5-7 中带*数据为土层实际参数。

表 5-7　参数敏感性分析采用的参数值

参数	径流高度 h/m								
	0	0.04	0.08	0.12	0.16	0.20			
土层厚度 b/m	1.0	1.5	2.0*	2.5	3.0	3.5	4.0	4.5	5.0
斜坡倾角 θ/(°)	10	11	12*	13	14	15	16	17	18
土体黏聚力 c/kPa	2	3	4*	5	6	7	8		
土体内摩擦角 φ/(°)	10	11	12	13	14*	15	16	17	18
土体重度 γ_s /(kN/m^3)	21.5*								
滑体长度 L/m	50*								
裂隙深度/m	1*								

图 5-28 为滑坡土层厚度与坡体稳定性的关系图。由图 5-28 可知，当径流高度为 0m、土层厚度为 1m 时，斜坡的稳定系数为 1.03，当径流高度增加到 0.20m、土层厚度为 1m 时，斜坡的稳定系数减小为 0.91，稳定系数降低了 11.65%；当径流高度为 0m、土层厚度为 5m 时，斜坡的稳定系数为 1.07，当径流高度增加到 0.20m、土层厚度为 5m 时，斜坡的稳定系数为 1.04，稳定系数降低了 2.80%。计算结果表明，当土层较薄 $h = 1$m 时，坡面径流高度对斜坡的稳定性影响较大；当土层较厚 $h = 5$m 时，坡面径流高度对斜坡稳定性的影响显著减小。同时，地表径流作为一种不利因素，对斜坡稳定构成潜在威胁，斜坡稳定系数随着地表径流高度的增加而降低。

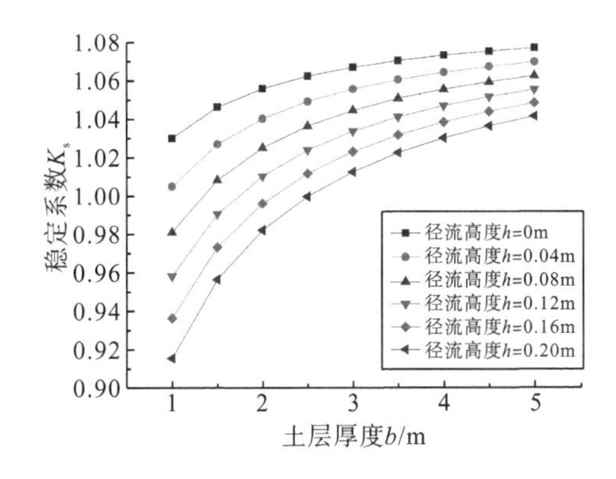

图 5-28　土层厚度与径流高度对稳定系数的影响

实际工程中，斜坡倾角对斜坡的稳定性具有显著影响。如图 5-29 所示，浅层斜坡稳定系数随着斜坡倾角的增大而不断降低。当径流高度为 0m 时，斜坡倾角从 10°增加到 18°，斜坡的稳定系数从 1.19 减小到 0.80；当径流高度增加到 0.20m，斜坡的稳定系数从 1.11 减小到 0.76。分析结果表明，当倾角相同时，径流高度越大，斜坡的稳定系数越小；斜坡倾角的增大会使边坡稳定性发生显著变化。说明在其他条件相似的情况下，边坡坡度越大，径流高度越大，坡体潜在失稳的可能性就越大。

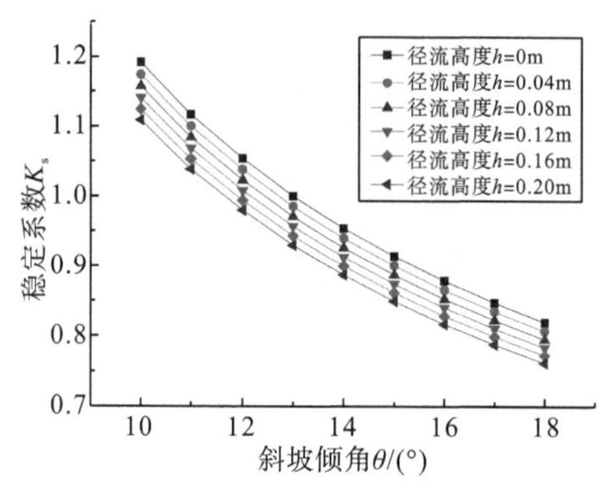

图 5-29　斜坡倾角与径流高度对稳定系数的影响

图 5-30 显示了浅层斜坡稳定系数随着土体内摩擦角的变化而变化，二者之间存在显著的负相关关系。当土体内摩擦角φ=10°、径流高度为 0m 时，斜坡稳定系数为 0.91；当土体内摩擦角φ=10°、径流高度为 0.20m 时，斜坡稳定系数为 0.84。当土体内摩擦角φ=18°、径流高度为 0m 时，斜坡稳定系数为 1.21；当土体内摩擦角φ =18°、径流高度为 0.20m 时，斜坡稳定系数为 1.12。显然，斜坡的稳定系数会随着坡体径流高度的增加而成比例降低，但是径流高度对坡体稳定系数的影响不会受到斜坡土体内摩擦角变化的影响。

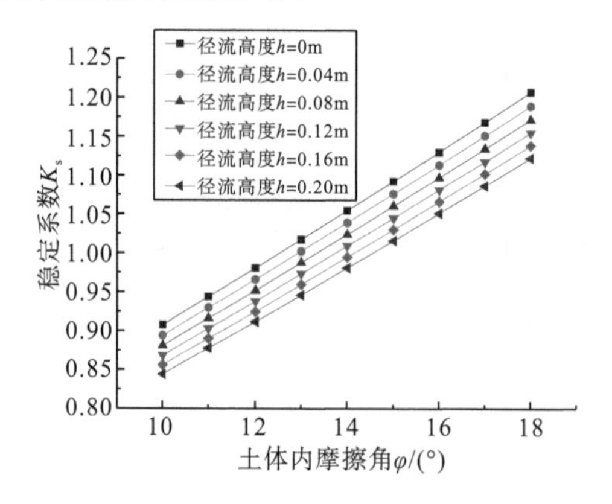

图 5-30　土体内摩擦角与径流高度对稳定系数的影响

图 5-31 显示了浅层斜坡稳定系数随着土体黏聚力的变化而变化，二者之间存在显著的负相关关系。当土体黏聚力 $c = 2\text{kPa}$ 时，随径流高度从 0m 增加到 0.20m，稳定系数从 0.91 降低到 0.84。当土体黏聚力 $c = 8\text{kPa}$ 时，随径流高度从 0m 增加到 0.20m，稳定系数从 1.44 降低到 1.34。显然，斜坡的稳定系数会随着坡体径流高度的增加而降低。

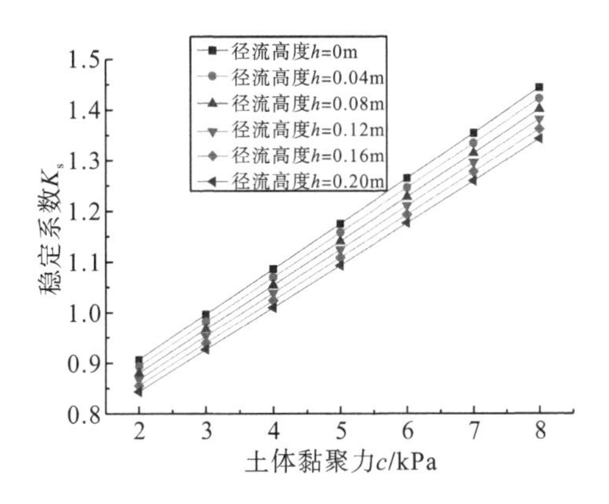

图 5-31　土体黏聚力与径流高度对稳定系数的影响

基于上述敏感性分析可知，斜坡稳定系数对土层厚度、斜坡倾角、土体内摩擦角和黏聚力非常敏感。此外，径流高度可以显著改变浅层斜坡的稳定系数，甚至引起斜坡失稳。例如，当土层厚度为 1m 时，随着径流高度从 0m 增加到 0.20m，斜坡稳定系数就从 1.03 降低到 0.91(图 5-28)。不仅如此，图 5-29 也显示当斜坡倾角为 12°，径流高度从 0m 增加到 0.20m 时，斜坡稳定系数从 1.05 降低到 0.98。这些相似的结果表明，随着降雨过程中坡面径流高度增加，浅层土质斜坡也可能会在坡面径流冲刷作用下发生失稳(图 5-30、图 5-31)。斜坡稳定系数与坡面径流高度之间存在负相关关系。径流高度越大，斜坡稳定系数越小。当斜坡处于临界状态时，径流高度在斜坡稳定中扮演着至关重要的角色。此外，敏感性分析的结果也阐明了 2011 年 9 月 17 日至 18 日南江县发生大量浅层土质滑坡的原因。

参考文献

曹敦履，范中原，1986. 软弱层(带)的渗流稳定性[J]. 长江水利水电科学研究院院报，(2)：61-69.

褚君达，1993. 无粘性泥沙的起动条件[J]. 水科学进展，(1)：37-43.

邓英尔，谢和平，黄润秋，等，2006. 低渗透孔隙-裂隙介质气体非线性渗流运动方程[J]. 四川大学学报(工程科学版)，38(4)：1-4.

邓争荣，吴树良，杨友刚，等，2012. 某水电站坝址 F41，F42 断层泥化带工程特性研究[J]. 长江科学院院报，29(1)：39-43，61.

段斌，张林，何江达，等，2012. 复杂裂隙岩体天然渗流场反演分析[J]. 水力发电学报，31(3)：188-193，198.

符文熹，聂德新，尚岳全，等，2002a. 地应力作用下软弱层带的工程特性研究[J]. 岩土工程学报，24(5)：584-587.

符文熹，尚岳全，孙红月，等，2002b. 岩体变形参数渐变取值模型及工程应用[J]. 工程地质学报，10(2)：198-203.

傅鹤林，刘运思，李凯，等，2013. 裂隙损伤岩体在渗流作用下的边坡稳定性分析[J]. 中国公路学报，26(4)：29-35.

高正夏，赵海滨，2008. 岩体软弱夹层渗透变形试验及三维有限元数值模拟[J]. 水文地质工程地质，(1)：64-66，79.

胡其志，周辉，肖本林，等，2010. 水力作用下顺层岩质边坡稳定性分析[J]. 岩土力学，31(11)：3594-3598.

黄先伍，唐平，缪协兴，等，2005. 破碎砂岩渗透特性与孔隙率关系的试验研究[J]. 岩土力学，26(9)：1385-1388.

蒋宇静，李博，王刚，等，2008. 岩石裂隙渗流特性试验研究的新进展[J]. 岩石力学与工程学报，27(12)：2377-2386.

孔亮，王媛，2007. 剪切荷载对裂隙渗透性影响研究现状[J]. 河海大学学报(自然科学版)，35(1)：42-46.

李佳伟，刘建锋，张泽天，等，2013. 瓦斯压力下煤岩力学和渗透特性探讨[J]. 中国矿业大学学报，42(6)：954-960.

李江，许强，王森，等，2016. 川东红层地区降雨入渗模式与岩质滑坡成因机制研究[J]. 岩石力学与工程学报，35(S2)：4053-4062.

李宁，许建聪，钦亚洲，2012. 降雨诱发浅层滑坡稳定性的计算模型研究[J]. 岩土力学，33(5)：1485-1490.

李绍武，尹振军，2004. N-S 方程的数值解法及其在水波动力学中应用的综述[J]. 海洋通报，23(4)：79-85.

李顺才，陈占清，缪协兴，2008. 破碎岩体渗流的试验及理论研究综述[J]. 山东科技大学学报(自然科学版)，2008，27(3)：37-43.

李文斌，梁尧篪，1984. 岩体软弱夹层渗透变形的试验研究[J]. 水利学报，(3)：49-55.

李新平，米健，张成良，等，2006. 三维应力作用下岩体单个裂隙的渗流特性分析[J]. 岩土力学，27(S1)：13-16.

李亚军，姚军，黄朝琴，等，2011. 基于 Darcy-Stokes 耦合模型的缝洞型介质等效渗透率分析[J]. 中国石油大学学报(自然科学版)，35(2)：91-95.

林建忠，阮晓东，陈邦国，等，2013. 流体力学(第 2 版)[M]. 北京：清华大学出版社.

林鑫，豆中强，陈永光，2006. Navier-Stokes 方程的球坐标列矢量变换[J]. 江汉大学学报(自然科学版)，34(3)：

11-13，29.

刘才华，2006. 岩质顺层边坡水力特性及双场耦合研究[D]. 武汉：中国科学院研究生院(武汉岩土力学研究所).

刘继山，1987. 单裂隙受正应力作用时的渗流公式[J]. 水文地质工程地质，(2)：32-33，28.

刘建刚，陈建生，2003. 基岩渗漏成因病险堤坝的两个典型实例[J]. 岩石力学与工程学报，22(4)：683-688.

刘杰，李建林，王瑞红，等，2010. 含密实原岩充填物的宜昌砂岩裂隙渗流试验研究[J]. 岩石力学与工程学报，29(2)：366-374.

刘金泉，杨典森，陈卫忠，等，2017. 全风化花岗岩突水通道扩展的颗粒起动流速研究[J]. 岩土力学，38(4)：1179-1187.

刘欣宇，刘爱华，李夕兵，2012. 高围压条件下含充填裂隙类岩石水渗流试验研究[J]. 岩石力学与工程学报，31(7)：1390-1398.

刘学伟，刘泉声，黄诗冰，等，2013. 裂隙岩体温度-渗流耦合数值流形方法[J]. 四川大学学报(工程科学版)，45(S2)：77-83.

罗斌，胡厚田，卢才金，等，2000. 清连公路沿线坡面冲刷研究[J]. 中国地质灾害与防治学报，11(1)：66-69.

倪绍虎，何世海，汪小刚，等，2012. 裂隙岩体渗流的优势水力路径[J]. 四川大学学报(工程科学版)，44(6)：108-115.

钱海涛，秦四清，马平，2006. 重力坝坝基沿软弱结构面滑动失稳的非线性机制[J]. 工程地质学报，14(03)：307-313.

申林方，冯夏庭，潘鹏志，等，2010. 单裂隙花岗岩在应力-渗流-化学耦合作用下的试验研究[J]. 岩石力学与工程学报，29(7)：1379-1388.

师华鹏，余宏明，陈鹏宇，等，2015. 水力作用下同向双平面滑移型岩质边坡稳定性分析[J]. 世界科技研究与发展，37(5)：535-541.

师文豪，杨天鸿，刘洪磊，等，2016. 矿山岩体破坏突水非达西流模型及数值求解[J]. 岩石力学与工程学报，35(3)：446-455.

舒付军，涂园，符文熹，2016. 无充填周期性裂缝岩体的等效渗透系数[J]. 四川大学学报(工程科学版)，48(6)：31-36.

舒付军，符文熹，魏玉峰，等，2018. 部分充填周期性裂隙岩体渗流理论分析与试验[J]. 湖南大学学报(自然科学版)，45(1)：114-120.

速宝玉，詹美礼，张祝添，1994. 充填裂隙渗流特性实验研究[J]. 岩土力学，15(4)：46-52.

速宝玉，詹美礼，赵坚，1995. 仿天然岩体裂隙渗流的实验研究[J]. 岩土工程学报，17(5)：19-24.

孙军杰，王兰民，龙鹏伟，等，2011. 地震与降雨耦合作用下区域滑坡灾害评价方法[J]. 岩石力学与工程学报，30(4)：752-760.

孙婉，2013. 多孔介质渗流力学理论研究现状及发展趋势[J]. 上海国土资源，34(3)：70-72，80.

孙役，王恩志，陈兴华，1999. 降雨条件下的单裂隙非饱和渗流实验研究[J]. 清华大学学报(自然科学版)，39(11)：14-17.

田开铭，1983. 偏流与裂隙水脉状径流[J]. 地质论评，29(5)：408-417.

王璐，刘建锋，裴建良，等，2015. 细砂岩破坏全过程渗透性与声发射特征试验研究[J]. 岩石力学与工程学报，34(S1)：2909-2914.

王启茜，周洪福，符文熹，等，2019. 水流拖曳力对斜坡浅层土稳定性的影响分析[J]. 岩土力学，40(2)：759-766.
王小江，荣冠，周创兵，2012. 粗砂岩变形破坏过程中渗透性试验研究[J]. 岩石力学与工程学报，31(S1)：2940-2947.
王幼麟，肖振舜，1982. 软弱夹层泥化错动带的结构和特性[J]. 岩石力学与工程报，1(1)：37-44.
王媛，2002. 单裂隙面渗流与应力的耦合特性[J]. 岩石力学与工程学报，21(1)：83-87.
王周锋，郝瑞娟，杨红斌，等，2015. 水岩相互作用的研究进展[J]. 水资源与水工程学报，26(3)：210-216.
魏宁，茜平一，傅旭东，等，2006. 降雨和蒸发对土质斜坡稳定性的影响[J]. 岩土力学，27(5)：778-781，786.
夏伟，符文熹，赵敏，等，2016. 多空隙组合地质单元渗流理论分析与试验[J]. 岩土力学，37(11)：3175-3183.
夏炜洋，何川，晏启祥，等，2007. 高水压岩质盾构隧道施工期结构内力分析[J]. 岩石力学与工程学报，26(S2)：3727-3731.
向云龙，符文熹，周洪福，2018a. 考虑裂隙水流拖曳力效应的平推式滑坡稳定性[J]. 岩土工程学报，40(S2)：173-177.
向云龙，符文熹，周洪福，2018b. 考虑地表径流拖曳力效应多层边坡稳定性分析[J]. 中国农村水利水电，(6)：145-150，156.
熊祥斌，张楚汉，王恩志，2009. 岩石单裂隙稳态渗流研究进展[J]. 岩石力学与工程学报，28(9)：1839-1847.
徐永强，2016. 深圳光明新区“12.20”余泥渣土受纳场滑坡[J]. 中国地质灾害与防治学报，27(1)：14.
许光祥，哈秋舲，张永兴，2001. 岩体裂隙渗流的频率水力隙宽[J]. 重庆建筑大学学报，23(5)：50-55.
许建聪，尚岳全，陈侃福，等，2005. 强降雨作用下的浅层滑坡稳定性分析[J]. 岩石力学与工程学报，24(18)：3246-3251.
许强，范宣梅，李园，等，2010. 板梁状滑坡形成条件、成因机制与防治措施[J]. 岩石力学与工程学报，29(2)：242-250.
许强，彭大雷，李为乐，等，2016. 溃散性滑坡成因机理初探[J]. 西南交通大学学报，51(5)：995-1004.
闫汝华，樊卫花，2004. 马家岩水库坝基软弱夹层剪切特征及强度[J]. 岩石力学与工程学报，51(5)：995-1004.
姚童刚，2016. 降雨入渗对顺层边坡稳定性的影响研究[J]. 公路与汽运，(4)：104-107.
叶合欣，陈建生，段祥宝，2009. 数值模拟研究堤坝基岩软弱结构面形成集中渗漏通道[J]. 工程勘察，37(4)：37-42，48.
叶合欣，董明，董海洲，2011. 软弱结构面水流冲刷形成集中渗漏通道机制研究[J]. 防灾减灾工程学报，31(2)：173-179.
于龙，陶同康，1997. 岩体裂隙水流的运动规律[J]. 水利水运科学研究，(3)：208-218.
张家发，胡智京，孙云志，等，2015. 岩石软弱夹层的渗透变形特性研究及其方法探讨[J]. 岩石力学与工程学报，34(S2)：4140-4148.
张群，许强，易靖松，等，2016. 南江红层地区缓倾角浅层土质滑坡降雨入渗深度与成因机理研究[J]. 岩土工程学报，38(8)：1447-1455.
张文杰，周创兵，李俊平，等，2005. 裂隙岩体渗流特性物模试验研究进展[J]. 岩土力学，26(9)：1517-1524.
张有天，王镭，陈平，1990. 裂隙岩体渗流的理论和实践[C]// 第二届全国岩石力学数值计算与模型实验学术研讨会：13-25.

张卓，练继建，杨晓慧，2006. 雾化雨作用下的裂隙岩体边坡渗流分析[J]. 四川大学学报(工程科学版)，38(2)：15-18.

赵春红，高建恩，王宏杰，等，2013. 降雨对坡面薄层水流泥沙起动的影响[J]. 应用基础与工程科学学报，21(6)：1057-1069.

郑少河，赵阳升，段康廉，1999. 三维应力作用下天然裂隙渗流规律的实验研究[J]. 岩石力学与工程学报，18(2)：133-136.

中华人民共和国水利部，2008. 土工试验方法标准(GB/T 50123—2019)[S]. 北京：中国计划出版社.

钟振，胡云进，刘国华，2012. 考虑裂隙-岩块间水交换的单裂隙非饱和渗流数值模拟[J]. 四川大学学报(工程科学版)，44(4)：51-56.

周双，张根广，邢茹，等，2016. 床面均匀沙拖曳力及上举力系数的确定[J]. 泥沙研究，(2)：1-6.

朱崇林，雷孝章，符文熹，等，2019. 含贯通裂缝的软弱夹层受水力冲刷破坏的水深研究[J]. 中国农村水利水电，(2)：139-143，154.

朱崇林，雷孝章，叶飞，等，2020. 软弱夹层中渗流的接触冲刷机制研究[J]. 中国农村水利水电，(1)：176-180.

朱红光，易成，谢和平，等，2016. 基于立方定律的岩体裂隙非线性流动几何模型[J]. 煤炭学报，41(4)：822-828.

邹航，刘建锋，边宇，等，2015. 不同粒度砂岩力学和渗透特性试验研究[J]. 岩土工程学报，37(8)：1462-1468.

Abdulkadir T S，Muhammad R U M，Yusof K W，et al.，2019. Quantitative analysis of soil erosion causative factors for susceptibility assessment in a complex watershed[J]. Cogent Engineering，6(1)：1594506.

Abrahams A D，Luk S H，Parsons A J，1988. Threshold relations for the transport of sediment by overland flow on desert hillslopes[J]. Earth Surface Processes and Landforms，13(5)：407-419.

Amadei B，Illangasekare T，1994. Mathematical model for flow and solute transport in nonhomogeneous rock fracture[J]. International Journal of Rock Mechanics and Mining Sciences & Geomechanics Abstracts，31(6)：719-731.

Arbogast T，Lehr H L，2006. Homogenization of a Darcy-Stokes system modeling vuggy porous media[J]. Computational Geosciences，10：291-302.

Baghbanan A，Jing L R，2008. Stress effects on permeability in a hydraulic properties of fractured rock masses with correlated fracture length and aperture[J]. International Journal of Rock Mechanics and Mining Sciences，45(8)：1320-1334.

Barton N，1973. Review of a new shear-strength criterion for rock joints[J]. Engineering Geology，7(4)：287-332.

Barton N，1982. Modelling rock joint behaviour from in situ block tests：implications for nuclear waste repository design[R]. Columbus，OH：Office of Nuclear Waste Isolation.

Barton N，Choubey V，1977. The shear strength of rock joints in theory and practice[J]. Rock Mechanics，10：1-54.

Barton N，Bandis S，Bakhtar K，1985. Strength，deformation and conductivity coupling of rock joints[J]. International Journal of Rock Mechanics and Mining Science & Geomechanics Abstracts，22(3)：121-140.

Bear J，1975. Dynamics of fluids in porous media[J]. Soil Science，120(2)：162-163.

Beheshti A A，Ataie-Ashtiani B，2008. Analysis of threshold and incipient conditions for sediment movement[J]. Coastal Engineering，55(5)：423-430.

Ben-Reuven M，1986. The viscous wall-layer effect in injected porous pipe flow[J]. AIAA Journal，24(2)：284-292.

Bloch S，Lander R H，Bonnell L M，2002. Anomalously high porosity and permeability in deeply buried sandstone reservoirs：origin and predictability[J]. AAPG Bulletin，86(2)：301-328.

Bong C H J，Lau T L，Ghani A A，et al.，2016. Sediment deposit thickness and its effect on critical velocity for incipient motion[J]. Water Science and Technology，74(8)：1876-1884.

Brand E W，1984. Some thoughts on rain-induced slope failure[J]. International Journal of Rock Mechanics and Mining Sciences & Geomechanics Abstracts，21(3)：373-376.

Brand E W，Premchitt J，Phillipson H B，1984. Relationship between rainfall and landslides in Hong Kong[C]// Proceeding of the 4th International Symposium on Landslides，Ontario，Canada：377-384.

Brinkman H C，1949a. A calculation of the viscous force exerted by a flowing fluid on a dense swarm of particles[J]. Flow，Turbulence and Combustion，1：27-34.

Brinkman H C，1949b. On the permeability of media consisting of closely packed porous particles[J]. Flow，Turbulence and Combustion，1：81-86.

Brown J H，Gupta V K，Li B L，et al.，2002. The fractal nature of nature：power laws，ecological complexity and biodiversity[J]. Philosophical Transactions of the Royal Society B：Biological Sciences，357(1421)：619-626.

Cao Z X，Pender G，Meng J，2006. Explicit formulation of the shields diagram for incipient motion of sediment[J]. Journal of Hydraulic Engineering，132(10)：1097-1099.

Carrillo F J，Bourg I C，Soulaine C，2020. Multiphase flow modeling in multiscale porous media：An open-source micro-continuum approach[J]. Journal of Computational Physics X，8：100073.

Chai B，Tong J，Jiang B，et al.，2014. How does the water-rock interaction of marly rocks affect its mechanical properties in the Three Gorges Reservoir area，China[J]. Environmental Earth Sciences，72：2797-2810.

Chami F E，Mansour G，Sayah T，2012. Error studies of the coupling Darcy-Stokes system with velocity-pressure formulation[J]. Calcolo，49：73-93.

Chen J，Sun S Y，Wang X P，2019. Homogenization of two-phase fluid flow in porous media via volume averaging[J]. Journal of Computational and Applied Mathematics，353：265-282.

Cheng N S，2004. Analysis of bedload transport in laminar flows[J]. Advances in Water Resources，27(9)：937-942.

Cho S E，2015. Stability analysis of unsaturated soil slope considering rainfall infiltration by two-phase flow model[J]. Korean Society of Hazard Mitigation，15(6)：321-329.

Deng C，Martinez D M，2005. Viscous flow in a channel partially filled with a porous medium and with wall suction[J]. Chemical Engineering Science，60(2)：329-336.

Deo S，Datta S，2002. Slip flow past a prolate spheroid[J]. Indian Journal of Pure and Applied Mathematics，33(6)：903-909.

Deo S，Datta S，2003. Stokes flow past a fluid prolate spheroid[J]. Indian Journal of Pure and Applied Mathematics，34(5)：755-764.

Deo S，Shukla P，2009. Creeping flow past a swarm of porous spherical particles with Mehta-Morse boundary condition[J]. Indian Journal of Biomechanics，7：123-127.

Deo S，Yadav P K，2009. Creeping flow past a swarm of porous deformed oblate spheroidal particles with Kuwabara boundary condition[J]. Journal of Porous Media，12(4)：347-359.

Deseri L，Zingales M，2015. A mechanical picture of fractional-order Darcy equation[J]. Communications in Nonlinear Science and Numerical Simulation，20(3)：940-949.

Detournay E，1980. Hydraulic conductivity of closed rock fracture：An experimental and analytical study[C]//13th Canadian Rock Mechanics Symposium，Toronto：168-173.

Elíasson J，2014. Eddy heat conduction and nonlinear stability of a Darcy Lapwood system analysed by the finite spectral method[J]. Journal of Applied Mathematics：695425.

Fu W X，Liao Y，2010. Non-linear shear strength reduction technique in slope stability calculation[J]. Computers and Geotechnics，37(3)：288-298.

Fu W X，Dai F，2015. Scale dependence of shear strength for a coarse granular soil using a superimposition-nest type of direct shear apparatus[J]. Arabian Journal of Geosciences，8：10301-10312.

Fu W X，Zheng X，Lei X Z，et al.，2015. Using a modified direct shear apparatus to explore gap and size effects on shear resistance of coarse-grained soil[J]. Particuology，23：82-89.

Geng R，Zhang G H，Ma Q H，et al.，2017. Soil resistance to runoff on steep croplands in Eastern China[J]. Catena，152：18-28.

Gong Y B，Gu Y G，2015. Experimental study of water and CO_2 flooding in the tight main pay zone and vuggy residual oil zone of a carbonate reservoir[J]. Energy and Fuels，29(10)：6213-6223.

Grosan T，Postelnicu A，Pop I，2009. Brinkman flow of a viscous fluid through a spherical porous medium embedded in another porous medium[J]. Transport in Porous Media，81：89-103.

Guy B T，Rudra R P，Dickenson W T，et al.，2009. Empirical model for calculating sediment-transport capacity in shallow overland flows：Model development[J]. Biosystems Engineering，103(1)：105-115.

Hadi F，Homayoon K，2017. New empirical model to evaluate groundwater flow into circular tunnel using multiple regression analysis[J]. International Journal of Mining Science and Technology，27(3)：415-421.

Hayashi K，Willis-Richards J，Hopkirk R J，et al.，1999. Numerical models of HDR geothermal reservoirs - a review of current thinking and progress[J]. Geothermics，28：507-518.

Hossein N M，Hossein K，Rasoul M，2016. Laboratory analysis of incipient motion velocity for non-uniform non-cohesive sediments movement in rectangular flumes[J]. Arabian Journal of Geosciences，9：25.

Huang T，Rudnicki J W，2006. A mathematical model for seepage of deeply buried groundwater under higher pressure and temperature[J]. Journal of Hydrology，327(1-2)：42-54.

Huang Z Q，Yao J，Li Y J，et al.，2011. Numerical calculation of equivalent permeability tensor for fractured vuggy porous media based on homogenization theory[J]. Communications in Computational Physics，9(1)：180-204.

Indraratna B，Ranjith P G，Gale W，1999. Single phase water flow through rock fractures[J]. Geotechnical and Geological Engineering，17：211-240.

Jaiswal B R，Gupta B R，2015. Stokes flow over composite sphere：liquid core with permeable shell[J]. Journal of Applied Fluid Mechanics，8(3)：339-350.

Jeannin P Y，2001. Modeling flow in phreatic and epiphreatic Karst conduits in the Hölloch Cave（Muotatal，Switzerland）[J]. Water Resources Research，37(2)：191-200.

Jennings A A，Pisipati R，1999. The impact of Brinkman' s extension of Darcy' s law in the neighborhood of a circular preferential flow pathway[J]. Environmental Modelling & Software，14：427-435.

Kanschat G，Lazarov R，Mao Y L，2017. Geometric multigrid for Darcy and Brinkman models of flows in highly heterogeneous porous media：a numerical study[J]. Journal of Computational and Applied Mathematics，310：174-185.

Kettil P，Engstrom G，Wiberg N E，2007. Coupled simulation of wave propagation and water pumping phenomenon in driven concrete piles[J]. Computers & Structures，85(3-4)：170-178.

Kociuba W，Janicki G，2014. Continuous measurements of bedload transport rates in a small glacial river catchment in the summer season（Spitsbergen）[J]. Geomorphology，212：58-71.

Komar P D，1987. Selective grain entrainment by a current from a bed of mixed sizes：a reanalysis[J]. Journal of Sedimentary Research，57(2)：203-211.

Koyama T，Li B，Jiang Y，et al.，2009. Numerical modelling of fluid flow tests in a rock fracture with a special algorithm for contact areas[J]. Computers and Geotechnics，36(1-2)：291-303.

Koyama T，Neretnieks I，Jing L，2008. A numerical study on differences in using Navier-Stokes and Reynolds equations for modeling the fluid flow and particle transport in single rock fractures with shear[J]. International Journal of Rock Mechanics and Mining Sciences，45(7)：1082-1101.

Li B，Jiang Y J，Koyama T，et al.，2008. Experimental study of the hydro-mechanical behavior of rock joints using a parallel-plate model containing contact areas and artificial fractures[J]. International Journal of Rock Mechanics and Mining Sciences，45(3)：362-375.

Li H，Tian H Y，Ma K，2019. Seepage characteristics and its control mechanism of rock mass in high-steep slopes[J]. Processes，7：71.

Li X X，Li D Q，2019. A numerical procedure for unsaturated seepage analysis in rock mass containing fracture networks and drainage holes[J]. Journal of Hydrology，574：23-34.

Liang T，Feng M F，Qi R S，2009. Finite element methods for coupled stokes and darcy problems[J]. Journal of Southwest Jiaotong University（English Edition），17(3)：265-270.

Lin B S，Lee C H，Yu J L，2000. Analysis of groundwater seepage of tunnels in fractured rock[J]. Journal of the Chinese Institute of Engineers，23(2)：155-160.

Liu G，Rong G，Peng J，et al.，2015. Numerical simulation on undrained triaxial behavior of saturated soil by a fluid coupled-DEM model[J]. Engineering Geology，193：256-266.

Liu L，Li Z W，Chang X F，et al.，2018. Relationships of the hydraulic flow characteristics with the transport of soil organic carbon and sediment loss in the Loess Plateau[J]. Soil and Tillage Research，175：291-301.

Liu L，Li Z W，Nie X D，et al.，2017. Hydraulic-based empirical model for sediment and soil organic carbon loss on steep slopes for extreme rainstorms on the Chinese Loess Plateau[J]. Journal of Hydrology，554：600-612.

Lomize G M，1951. Flow in fractured rocks[M]. Moscow：Gosemergoizdat.

Louis C，1974. Rock Hydraulics in Rock Mechanics[M]. New York：Springer- New Verlag.

Mao J Q，Dai H C，He W S，2011. Calculating incipient velocity of non-uniform sediment through stress analysis[C]//International Symposium on Water Resource & Environmental Protection，Xi'an：607-609.

Marcak H，1994. The acoustic emission from rock under stress and hydraulic pressure[J]. Journal of Applied Geophysics，31(1-4)：205-212.

Marušić-Paloka E，Pažanin I，Marušić S，2012. Comparison between Darcy and Brinkman laws in a fracture[J]. Applied Mathematics and Computation，218(14)：7538-7545.

Masuda K，2001. Effect of water on rock strength in a brittle regime[J]. Journal of Structural Geology，23(11)：1653-1657.

Matsuura S，Asano S，Okamoto T，2008. Relationship between rain and/or meltwater，pore-water pressure and displacement of a reactivated landslide[J]. Engineering Geology，101(1-2)：49-59.

May R W P，2003. Preventing sediment deposition in inverted sewer siphons[J]. Journal of Hydraulic Engineering，129(4)：283-290.

Mcnamara J P，Borden C，2004. Observations on the movement of coarse gravel using implanted motion-sensing radio transmitters[J]. Hydrological Process，18(10)：1871-1884.

Milan D J，2013. Virtual velocity of tracers in a gravel-bed river using size-based competence duration[J]. Geomorphology，198：107-114.

Miller M C，McCave I N，Komar P D，1977. Threshold of sediment motion unidirectional currents[J]. Sedimentology，24(4)：507-527.

Montrasio L，Valentino R，Losi G L，2009. Rainfall-induced shallow landslides：a model for the triggering mechanism of some case studies in Northern Italy[J]. Landslides，6：241-251.

Muntohar A S，Liao H J，2010. Rainfall infiltration：infinite slope model for landslides triggering by rainstorm[J]. Natural Hazards，54：967-984.

Nagaeva Z M，Shagapov V S，2017. Elastic seepage in a fracture located in an oil or gas reservoir[J]. Journal of Applied Mathematics and Mechanics，81(3)：214-222.

Novo S，Novotny A，Pokorný M，2005. Steady compressible Navier-Stokes equations in domains with non-compact boundaries[J]. Mathematical Methods in the Applied Sciences，28(12)：1445-1479.

Ochoa-Tapia J A，Whitaker S，1995a. Momentum transfer at the boundary between a porous medium and a homogeneous fluid I：Theoretical development[J]. International Journal of Heat and Mass Transfer，38(14)：2635-2646.

Ochoa-Tapia J A，Whitaker S，1995b. Momentum transfer at the boundary between a porous medium and a homogeneous fluid II：Comparison with experiment[J]. International Journal of Heat and Mass Transfer，38(14)：2647-2655.

Okeke A C U，Wang F W，2016. Hydromechanical constraints on piping failure of landslide dams：an experimental investigation[J]. Geoenvironmental Disasters，3：4.

Olshanskii M A，2015. An iterative solver for the Oseen problem and numerical solution of incompressible Navier-Stokes equations[J]. Numerical Linear Algebra with Applications，6(5)：353-378.

Or D，Tuller M，Fedors R，2005. Seepage into drifts and tunnels in unsaturated fractured rock[J]. Water Resources Research，42(7)：W07604.

Pan P，Shang Y Q，Lü Q，et al.，2019. Periodic recurrence and scale-expansion mechanism of loess landslides caused by groundwater seepage and erosion[J]. Bulletin of Engineering Geology and the Environment，78：1143-1155.

Pan Q J，Dias D，2016. The effect of pore water pressure on tunnel face stability[J]. International Journal for Numerical and Analytical Methods in Geomechanics，40(15)：2123-2136.

Pekmen B，Tezer-Sezgin M，2015. DRBEM solution of natural convective heat transfer with a non-Darcy model in a porous medium[J]. Journal of Mathematical Chemistry，53：911-924.

Peterson E W，Wicks C M，2006. Assessing the importance of conduit geometry and physical parameters in karst systems using the storm water management model（SWMM）[J]. Journal of Hydrology，329(1-2)：294-305.

Petit F，Houbrechts G，Peeters A，et al.，2015. Dimensionless critical shear stress in gravel-bed rivers[J]. Geomorphology，250：308-320.

Pimentel D，2006. Soil erosion：a food and environmental threat[J]. Environment，Development and Sustainability，8：119-137.

Poulikakos D，Kazmierczak M J，1987. Forced convection in a duct partially filled with a porous material[J]. Journal of Heat Transfer，109(3)：653-662.

Pradel D，Raad G，1993. Effect of permeability on surficial stability of homogeneous slopes[J]. Journal of Geotechnical Engineering，119(2)：315-332.

Qu M，Hou J R，Qi P P，et al.，2018. Experimental study of fluid behaviors from water and nitrogen floods on a 3-D visual fractured-vuggy model[J]. Journal of Petroleum Science and Engineering，166：871-879.

Richards K S，Reddy K R，2007. Critical appraisal of piping phenomena in earth dams[J]. Bulletin of Engineering Geology and the Environment，66：381-402.

Rong F M，Shi B C，2015. Incompressible lattice Boltzmann model for axisymmetric flows through porous media[J]. International Journal of Modern Physics C，26(4)：1550036.

Rumer R R，Drinker P A，1966. Resistance to Laminar flow through porous media[J]. American Society of Civil Engineers，92(5)：155-163.

Saffman P G，1971. On the boundary condition at the surface of a porous medium[J]. Studies in Applied Mathematics，50(2)：93-101.

Sinha M K，Sharma R V，2013. Natural convection in a spherical porous annulus：the Brinkman extended Darcy flow model[J]. Transport in Porous Media，100：321-335.

Sen Z，1987. Non-Darcian flow in fractured rocks with a linear flow pattern[J]. Journal of Hydrology，92(1-2)：43-57.

Soulaine C，Creux P，Tchelepi H A，2019. Micro-continuum framework for pore-scale multiphase fluid transport in shale formations[J]. Transport in Porous Media，127：85-112.

Springer G S，2004. A pipe-based，first approach to modeling closed conduit flow in caves[J]. Journal of Hydrology，289(1-4)：178-189.

Srivastava A C，Srivastava N，2005. Flow past a porous sphere at small Reynolds number[J]. Zeitschrift Für Angewandte Mathematik und Physik Zamp，56：821-835.

Svenson E，Schweisinger T，Murdoch L C，2007. Analysis of the hydromechanical behavior of a flat-lying fracture during a slug test[J]. Journal of Hydrology，347(1-2)：35-47.

Tang C A，Tham L G，Lee P K K，et al.，2002. Coupled analysis of flow，stress and damage（FSD）in rock failure[J]. International Journal of Rock Mechanics and Mining Sciences，39(4)：477-489.

Tang C，Chen X F，Du Z M，et al.，2018. Numerical simulation study on seepage theory of a multi-section fractured horizontal well in shale gas reservoirs based on multi-scale flow mechanisms[J]. Energies，11(9)：2329.

Tang G H，Lu Y B，2014. A resistance model for Newtonian and power-law non-Newtonian fluid transport in porous media[J]. Transport in Porous Media，104：435-449.

Terzaghi K，1950. Mechanism of landslides[C] In：Paige S. Application of Geology to Engineering Practice. New York：The Geological Society of America：83-123.

Thrailkill J，Sullivan S B，Gouzie D R，et al.，1991. Flow parameters in a shallow conduit-flow carbonate aquifer，Inner Bluegrass Karst Region，Kentucky，USA[J]. Journal of Hydrology，129(1-4)：87-108.

Trimble S W，Crosson P，2000. Land use：U.S. soil erosion rates-myth and reality[J]. Science，289(5477)：248-250.

Vadlamudi R，1964. Darcy's law[J]. Encyclopedia of Soils in the Environment，24(6)：363-369.

Vázquez-Báez V，Rubio-Arellano A，García-Toral D，et al.，2019. Modeling an aquifer：numerical solution to the groundwater flow equation[J]. Mathematical Problems in Engineering，(8)：1613726.

Vennard J K，Street R L，1961. Elementary fluid mechanics，fluid measurements，fifth ed[M]. New York：Wiley：521-528.

Wang G H，Sassa K，2009. Seismic loading impacts on excess pore-water pressure maintain landslide triggered flowslides[J]. Earth Surface Processes and Landforms，34(2)：234-241.

Wang J，Liu H，Ning Z F，et al.，2014. Experiments on water flooding in fractured-vuggy cells in fractured-vuggy reservoirs[J]. Petroleum Exploration and Development，41(1)：74-81.

Wang L，Liu J F，Pei J L，et al.，2015. Mechanical and permeability characteristics of rock under hydro-mechanical coupling conditions[J]. Environmental Earth Sciences，73：5987-5996.

Wang Z C，Li W，Qiao L P，et al.，2018. Hydraulic properties of fractured rock mass with correlated fracture length and aperture in both radial and unidirectional flow configurations[J]. Computers and Geotechnics，104：167-184.

Wasantha P L P，Ranjith P G，2014. The Taguchi approach to the evaluation of the influence of different testing conditions on the mechanical properties of rock[J]. Environmental Earth Sciences，72：79-89.

Watts A B，Masson D G，1995. A giant landslide on the north flank of Tenerife，Canary Islands[J]. Journal of Geophysical Research Solid Earth，100(B12)：24487-24498.

Wei Y F，Fu W X，Nie D X，2015. Nonlinearity of the rock joint shear strength[J]. Strength of Materials，47：205-212.

Whitaker S，1986a. Flow in porous media I：A theoretical derivation of Darcy's law[J]. Transport in Porous Media，1：3-25.

Whitaker S，1986b. Flow in porous media II：The governing equations for immiscible，two-phase flow[J]. Transport in Porous Media，1：105-125.

Wiberg P L，Smith J D，1987. Calculations of the critical shear stress for motion of uniform and heterogeneous sediments[J]. Water Resources Research，23(8)：1471-1480.

Wilson H J，2013. Stokes flow past three spheres[J]. Journal of Computational Physics，245：302-316.

Xia M，Ren G M，Zhu S S，et al.，2015. Relationship between landslide stability and reservoir water level variation[J]. Bulletin of Engineering Geology and the Environment，74：909-917.

Xiong Y，Xiong W L，Cai M J，et al.，2017. Laboratory experiments of well testing for fracture-cave carbonate gas reservoirs[J]. Petroleum，3(3)：301-308.

Yadav P K，Deo S，2012. Stokes flow past a porous spheroid embedded in another porous medium[J]. Meccanica，47：1499-1516.

Yang T H，Liu J，Zhu W C，et al.，2007. A coupled flow-stress-damage model for groundwater outbursts from an underlying aquifer into mining excavations[J]. International Journal of Rock Mechanics and Mining Sciences，44(1)：87-97.

Yeo I W，Freitas M H D，Zimmerman R W，1998. Effect of shear displacement on the aperture and permeability of a rock fracture[J]. International Journal of Rock Mechanics and Mining Sciences，35(8)：1051-1070.

Zhang P，Benard A，2015. Numerical simulation of particle motion using a combined MacCormack and immersed boundary method[J]. Journal of Computational Physics，294：524-546.

Zhang T，Shi B C，Chai Z H，et al.，2012. Lattice BGK model for incompressible axisymmetric flows[J]. Communications in Computational Physics，11(5)：1569-1590.

Zhang W，Cong P T，Bian K，et al.，2019. Estimation of equivalent permeability tensor for fractured porous rock masses using a coupled RPIM-FEM method[J]. Engineering Computations，36(3)：807-829.

Zhou Q L，Salve R，Liu H H，et al.，2006. Analysis of a mesoscale infiltration and water seepage test in unsaturated fractured rock：spatial variabilities and discrete fracture patterns[J]. Journal of Contaminant Hydrology，87(1-2)：96-122.

Zounemat-Kermani M，Meymand A M，Ahmadipour M，2018. Estimating incipient motion velocity of bed sediments using different data-driven methods[J]. Applied Soft Computing，69：165-176.